青少年 科普知识 读本

打开知识的大门，进入这多姿多彩的殿堂

重点推荐

奇幻宇宙
大探秘

玮　珏◎编著

河北出版传媒集团
河北科学技术出版社

图书在版编目(CIP)数据

奇幻宇宙大探秘 / 玮珏编著. --石家庄 ：河北科
学技术出版社，2013. 5(2021. 2 重印)
ISBN 978-7-5375-5852-5

Ⅰ. ①奇… Ⅱ. ①玮… Ⅲ. ①宇宙–青年读物②宇宙
–少年读物 Ⅳ. ①P159-49

中国版本图书馆 CIP 数据核字(2013)第 095480 号

奇幻宇宙大探秘
qihuan yuzhou da tanmi

玮珏 编著

出版发行		河北出版传媒集团
		河北科学技术出版社
地　　址		石家庄市友谊北大街 330 号(邮编:050061)
印　　刷		北京一鑫印务有限责任公司
经　　销		新华书店
开　　本		710×1000　1/16
印　　张		13
字　　数		160 千字
版　　次		2013 年 6 月第 1 版
		2021 年 2 月第 3 次印刷
定　　价		32. 00 元

前言 Foreword

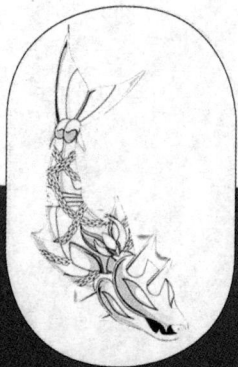

　　宇宙是由空间、时间、物质和能量所构成的统一体，是一切空间和时间的综合体。一般理解的宇宙指我们所存在的一个时空连续系统，包括其间的所有物质、能量和事件。

　　至今我们还不知道宇宙的形状是方的还是圆的，也不知道宇宙到底有多大。有的人说宇宙其实是一个类似人的这样一种生物的一个小细胞，也有人说宇宙是一种拥有比人类更高智慧的生物所制造出来的一个程序或是一个小小的原件，还有人猜想，宇宙其实就是一个电子，宇宙是一个比电子小得多的东西，宇宙根本就不存在，或者宇宙是无形的，也有人猜想，我们的宇宙生活在一个大的空间里，叫做"超空间"。在超空间里，有很多宇宙，而超空间的能量是守恒的，而且非常巨大……人类在不断地大胆想象，而我们也针对人类的探索精神和好奇心编撰了这本《奇幻宇宙大探秘》。

本书中囊括宇宙万物中玄奥的科学原理，揭秘了宇宙中鲜为人知的秘密，介绍了宇宙中的各个天体、星座以及神奇现象和奇幻事件。全书分为六个部分，分别从宇宙大观、银河系大探秘、河外星系大探秘、宇宙知识普及、星空探索和神秘的宇宙奇观等方面详细阐述了宇宙的神秘和奇幻。书中有美丽的银河系传说，有饱受争议的宇宙边界，有美丽的流星雨，还有五彩缤纷的星座……简练的语言，配以形象的图画，让青少年读者开始了一次炫丽夺目、时尚无敌的谜之旅！上了一堂奇妙鲜活、充满趣味的科学课！

他们获得的不是生硬呆板的科学知识，而是对这个神奇世界的好奇和热爱，正是这份强烈的好奇，诞生出人类成长和进步不竭的动力！

前言

目录

宇宙大观

目录

银河系大探秘

河外星系大探秘

宇宙知识普及

目录

目录

星空探索

神秘的宇宙奇观

Contents

目录

第一章

宇宙大观

宇宙，现在是我们能够定义的关于我们生存空间的最概括的描述，这是一个科学的定义，但其中依然充满无穷的谜题。它从何而来，它是什么模样，它依照什么样的规律运转……

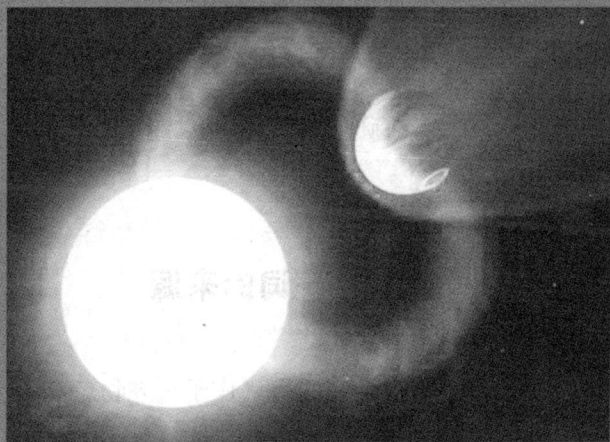

宇宙的定义

宇宙，广义上指无限多样、永恒发展的物质世界，狭义上指一定时代观测所及的最大天体系统。后者往往称作可观测宇宙、我们的宇宙，现在相当于天文学中的"总星系"。

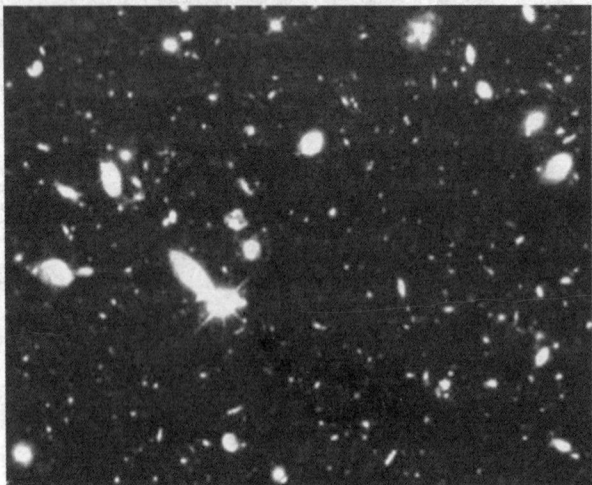

2003 年 2 月，美国国家航空航天局曾向全世界公布了他们有关宇宙年龄的研究成果。根据其公布的资料显示，宇宙年龄应该为 137 亿岁。2003 年 11 月，国际天体物理学研究小组宣称，宇宙的确切年龄应该是 141 亿岁。

"宇宙"一词的来源

中国古籍中最早出现宇宙这个词的是《庄子·齐物论》。"宇"的含义包括各个方向，如东西南北的一切地点。"宙"包括过去、现在、白天、黑夜，即一切不同的具体时间。战国末期的尸佼说："四方上下曰宇，往古来今曰宙。""宇"指空间，"宙"指时间，"宇宙"就是时间和空间的统一。后来

"宇宙"一词便被用来指整个客观实在的世界。与宇宙相当的概念有"天地""乾坤""六合"等，但这些概念仅指宇宙的空间方面。《管子》提到的"宙合"一词中的"宙"指时间，"合"（即"六合"）指空间，与"宇宙"概念最接近。

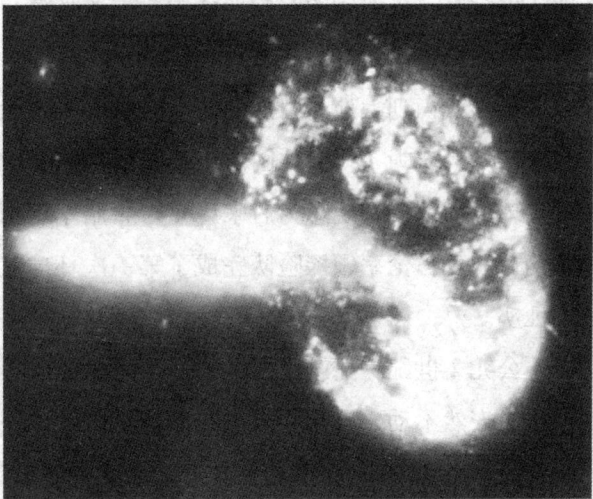

在西方，宇宙这个词在英语中叫 cosmos，在俄语中叫 космос，在德语中叫 kosmos，在法语中叫 cosmos。它们都源自希腊语，古希腊人认为宇宙的创生乃是从混沌中产生出秩序来。但在英语中更经常用来表示"宇宙"的词是 universe。此词与 universitas 有关。在中世纪，人们把沿着同一方向朝同一目标共同行动的一群人称为 universitas。在最广泛的意义上，universitas 又指一切现成的东西所构成的统一整体，那就是 universe，即宇宙。universe 和 cosmos 常常表示相同的意义，所不同的是，前者强调的是物质现象的总和，而后者则强调整体宇宙的结构或构造。

古老的宇宙观

远古时代，人们对宇宙结构的认识处于十分幼稚的状态，他们通常按照自己的生活环境对宇宙的构造作幼稚的推测。在中国西周时期，生活在华夏大地上的人们提出的"早期盖天说"认为，天穹像一口锅，倒扣在平坦的大地上；后来又发展出的"后期盖天说"认为大地的形状也是拱形的。公元前 7 世纪，巴比伦人认为，天和地都是拱形的，大地被海洋环绕，而其中央则是高山。古埃及人把宇宙想象成以天为盒盖、大地为盒底的大盒子，大地的中央则是尼罗河。古印度人认为圆盘形的大地负在几只大象上，而象则站在巨大的龟背上。公元

前 7 世纪末，古希腊的泰勒斯认为，大地是浮在水面上的巨大圆盘，上面笼罩着拱形的天穹。

最早认识到大地是球形的是古希腊人。公元前 6 世纪，毕达哥拉斯从美学观念出发，认为一切立体图形中最美的是球形，主张天体和我们所居住的大地都是球形的。这一观念为后来许多古希腊学者所继承，但直到 1519～1522 年，葡萄牙的麦哲伦率领探险队完成了第一次环球航行后，地球是球形的观念才最终证实。

公元 2 世纪，托勒密提出了一个完整的地心说。这一学说认为地球在宇宙的中央安然不动，月亮、太阳和诸行星以及最外层的恒星都在以不同速度绕着地球旋转。他还认为行星在本轮上绕其中心转动，而本轮中心则沿均轮绕地球转动。地心说曾在欧洲流传了 1000 多年。1543 年，哥白尼提出日心说，认为太阳位于宇宙中心，而地球则是一颗沿圆轨道绕太阳公转的普通行星。1609 年，开普勒揭示了地球和诸行星都在椭圆轨道上绕太阳公转，发展了哥白尼的日心说。同年，伽利略则率先用望远镜观测天空，用大量观测事实证实了日心说的正确性。1687 年，牛顿提出了万有引力定律，深刻揭示了行星绕太阳运动的力学原因，使日心说有了牢固的力学基础。在这以后，人们逐渐建立起了科学的太阳系概念。

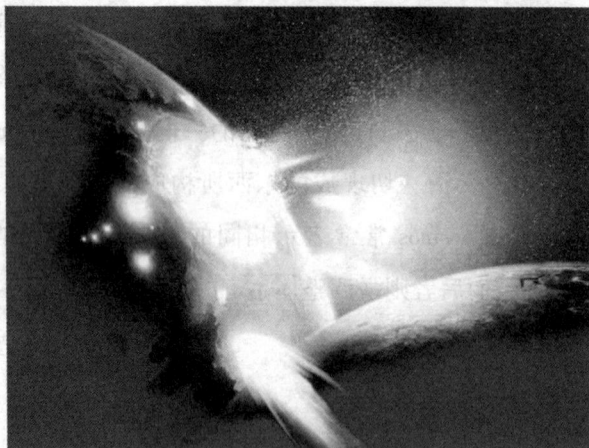

在哥白尼的宇宙图像中，恒星只是位于最外层恒星天上的光点。1584 年，布鲁诺大胆取消了这层恒星天，认为恒星都是遥远的太阳。18 世纪上半叶，由于哈雷对恒星自行的发展和布拉得雷对恒星遥远距离的科学估计，布鲁诺的推测得到了越来越多人的赞同。18 世纪中叶，赖特、康德和朗伯推测说，布满全天的恒星和银河构成了一个巨大的天体系统。赫歇尔首创用取样统计的方法，用望远镜数出了天空中大量选定区域的星数以及亮星与暗星的比例。

18 世纪中叶，康德等人还提出，在整个宇宙中，存在着无数像我们的天体系统（指银河系）那样的天体系统。而当时看去呈云雾状的"星云"很可能正是这样的天体系统。此后经历了长达 170 年的曲折探索历程，直到 1924 年，才由哈勃用造父视差法测得仙女座大星云等的距离确认了河外星系的存在。

近半个世纪，人们通过对河外星系的研究，不仅已发现了星系团、超星系团等更高层次的天体系统，而且已使我们的视野扩展到远达 200 亿光年的宇宙深处。

对宇宙认识的发展

在中国，早在西汉时期，《淮南子·俶真训》指出："有始者，有未始有有始者，有未始有夫未始有有始者，"认为世界有它开辟之时，有它开辟以前的时期，也有它开辟以前的以前的时期。《淮南子·天文训》中还具体勾画了世界从无形的物质状态到混沌状态再到天地万物生成演变的过程。在古希腊，也存在着类似的见解。例如留基伯就提出，由于原子在空虚的空间中作旋涡运动，结果轻的物质逃逸到外部的空间，而其余的物质则构成了球形的天体，从而形成了我们的世界。

太阳系概念确立以后，人们开始从科学的角度来探讨太阳系的起源。1644年，笛卡尔提出了太阳系起源的旋涡说；1745年，布丰提出了一个因大彗星与太阳掠碰导致形成行星系统的太阳系起源说；1755年和1796年，康德和拉普拉斯则各自提出了太阳系起源的星云说。现代探讨太阳系起源的新星云说正是在康德—拉普拉斯星云说的基础上发展起来。

1911年，赫茨普龙建立了第一幅银河星团的颜色星等图；1913年，罗素则绘出了恒星的光谱—光度图，即赫罗图。罗素在获得此图后便提出了一个恒星从红巨星开始，先收缩进入主序，后沿主序下滑，最终成为红矮星的恒星演化学说。1924年，爱丁顿提出了恒星的质光关系；1937～1939年，魏茨泽克和贝特揭示了恒星的能源来自于氢聚变为氦的原子核反应。这两个发现导致了罗素理论被否定，并导致了科学的恒星演化理论的诞生。对于星系起源的研究，起步较迟，目前普遍认为，它是我们的宇宙开始形成的后期由原星系演化而来的。

1917年，阿尔伯特·爱因斯坦运用他刚创立的广义相对论建立了一个"静态、有限、无界"的宇宙模型，奠定了现代宇宙学的基础。1922 年，弗里德曼发现，根据阿尔伯特·爱因斯坦的场方程，宇宙不一定是静态的，它可以是膨胀的，也可以是振荡的。前者对应于开放的宇宙，后者对应于闭合的宇宙。1927 年，勒梅特也提出了一个膨胀宇宙模型。1929 年哈勃发现了星系红移与它的距离成正比，建立了著名的哈勃定律。这一发现是对膨胀宇宙模型的有力支持。20 世纪中叶，伽莫夫等人提出了热大爆炸宇宙模型，他们还预言，根据这一模型，应能观测到宇宙空间目前残存着温度很低的背景辐射。1965 年微波背景辐射的发现证实了伽莫夫等人的预言。从此，许多人把大爆炸宇宙模型看成标准宇宙模型。1980 年，美国的古斯在热大爆炸宇宙模型的基础上又进一步提出了暴涨宇宙模型。这一模型可以解释目前已知的大多数重要观测事实。

宇宙图景

当代天文学的研究成果表明，宇宙是有层次结构的、物质形态多样的、不断运动发展的天体系统。

宇宙的层次结构认识

行星是最基本的天体系统。太阳系中共有 8 大行星：水星、金星、地球、火星、木星、土星、天王星、海王星。除水星和金星外，其他行星都有卫星绕其运转，地球有一个卫星——月球，土星的卫星最多，已确认的有 17 颗。行星、小行星、彗星和流星体都围绕中心天体太阳运转，构成太阳系。太阳占太阳系总质量的 99.86%，其直径约 140 万千米，最大的行星木星的直径约 14 万千米。太阳系的大小约 120 亿千米。有证据表明，太阳系外也存在其他行星系统。2500 亿颗类似太阳的恒星和星际物质构成更巨大的天体系统——银河系。银河系中大部分恒星和星际物质集中在一个扁球状的空间内，从侧面看很像一个"铁饼"，正面看去，则呈旋涡状。银河系的直径约 10 万光年，太阳位于银

河系的一个旋臂中，距银河中心约3万光年。银河系外还有许多类似的天体系统，称为河外星系，常简称星系。现已观测到的星系大约有10亿个。星系也聚集成大大小小的集团，叫星系团。平均而言，每个星系团约有百余个星系，直径达上千万光年。现已发现上万个星系团。包括银河系在内约40个星系构成的一个小星系团叫本星系群。若干星系团集聚在一起构成更大、更高一层次的天体系统叫超星系团。超星系团往往具有扁长的外形，其长径可达数亿光年。通常超星系团内只含有几个星系团，只有少数超星系团拥有几十个星系团。本星系群和其附近的约50个星系团构成的超星系团叫做本超星系团。目前天文观测范围已经扩展到200亿光年的广阔空间，它称为总星系。

宇宙天体的多样性

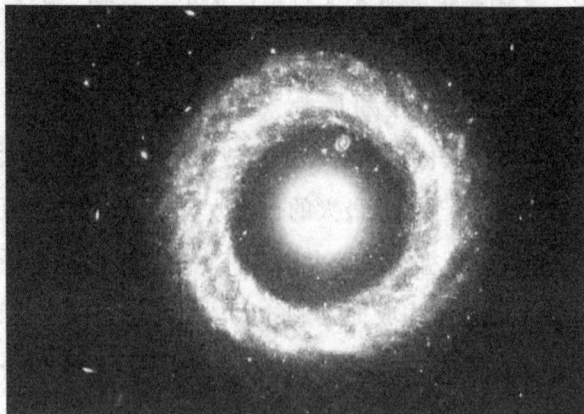

天体千差万别，宇宙物质千姿百态。太阳系天体中，水星、金星表面温度约达700K，遥远的冥王星向日面的温度最高时也只有50K。金星表面笼罩着浓密的二氧化碳大气和硫酸云雾，气压约50个大气压。水星、火星表面大气却极其稀薄，水星的大气压甚至小于2×10^{-9}毫巴（1毫巴=100帕斯卡）。类地行星（水星、金星、火星）都有一个固体表面，类木行星却是一个流体行星。土星的平均密度为 0.7 克/立方厘米，比水的密度还小，木星、天王星、海王星的平均密度略大于水的密度，而水星、金星、地球等的密度则达到水密度的 5 倍以上。多数行星都是顺向自转，而金星是逆向自转；地球表面生机盎然，其他行星则是空寂荒凉的世界。

太阳在恒星世界中是颗普遍而又典型的恒星。已经发现，有些红巨星的直径为太阳直径的几千倍。中子星直径只有太阳的几万分之一；超巨星的光度高达太阳光度的数百万倍，白矮星的光度却不到太阳的几十万分之一。红超巨星的物质密度小到只有水的密度的百万分之一，而白矮星、中子星的密度分别可高达水的密度的十万倍和百万亿倍。太阳的表面温度约为 6000K，O 型星表面温度达 30 000K，而红外星的表面温度只有约 600K。太阳的普遍磁场强度平均为 1×10^{-4} 特斯拉，有些磁白矮星的磁场通常为几千、几万高斯（1 高斯 = 10^{-4} 特斯拉），而脉冲星的磁场强度可高达十万亿高斯。有些恒星光度基本不变，有些恒星光度在不断变化，称变星。有的变星光度变化是有周期的，周期从 1 小时到几百天不等。有些变星的光度变化是突发性的，其中变化最剧烈的是新星和超新星，在几天内，其光度可增加几万倍甚至上亿倍。恒星在空间常常聚集成双星或三五成群的聚星，它们可能占恒星总数的 1/3。也有由几十、几百乃至几十万个恒星聚在一起的星团。宇宙物质除了以密集形式形成恒星、行星等之外，还以弥漫的形式形成星际物质。星际物质包括星际气体和尘埃，平均每立方厘米只有一个原子，其中高度密集的地方形成形状各异的各种星云。宇宙中除发出可见光的恒星、星云等天体外，还存在紫外天体、红外天体、X 线源、γ 射线源以及射电源。

星系按形态可分为椭圆星系、旋涡星系、棒旋星系、透镜星系和不规则星系等类型。20 世纪 60 年代又发现许多正在经历着爆炸过程或正在抛射巨量物质的河外天体，统称为活动星系。其中包括各种射电星系、塞佛特星系、N 型星系、马卡良星系、蝎虎座 BL 型天体，以及类星体等。许多星系核有规模巨大的活动：速度达几千千米/秒的气流，总能量达 1×10^{55} 焦耳的能量输出，规模巨

大的物质和粒子抛射，强烈的光变等。在宇宙中有种种极端物理状态：超高温、超高压、超高密、超真空、超强磁场、超高速运动、超高速自转、超大尺度时间和空间、超流、超导等。为我们认识客观物质世界提供了理想的实验环境。

宇宙的运动和变化

宇宙天体处于永恒的运动和发展之中，天体的运动形式多种多样，例如自转、各自的空间运动（本动）、绕系统中心的公转以及参与整个天体系统的运动等。月球一方面自转一方面围绕地球运转，同时又跟随地球一起围绕太阳运转。太阳一方面自转，一方面又向着武仙座方向以 20 千米/秒的速度运动，同时又带着整个太阳系以 250 千米/秒的速度绕银河系中心运转，运转一周约需 2.2 亿年。银河系也在自转，同时也有相对于邻近的星系的运动。本超星系团也可能在膨胀和自转。总星系也在膨胀。

现代天文学已经揭示了天体的起源和演化的历程。当代关于太阳系起源的学说认为，太阳系很可能是 50 亿年前银河系中的一团尘埃气体云（原始太阳星云）由于引力收缩而逐渐形成的（见太阳系起源）。恒星是由星云产生的，它的一生经历了引力收缩阶段、主序阶段、红巨星阶段、晚期阶段和临终阶段。星系的起源和宇宙起源密切相关。流行的看法是在宇宙发生热大爆炸后 40 万年，温度降到 4000K，宇宙从辐射为主时期转化为物质为主时期，这时或由于密度涨落形成的引力不稳定性，或由于宇宙湍流的作用而逐步形成原星系，然后再演化为星系团和星系。热大爆炸宇宙模型描绘了我们宇宙的起源和演化史：我们的宇宙起源于 200 亿年前的一次大爆炸，当时温度极高、密度极大；随着宇宙的膨胀，它经历了从热到冷、从密到稀、从辐射为主时期到物质为主时期的演变过程，直至 10 亿～20 亿年前，才进入大规模形成星系的阶段，此后逐渐形成了我们当今看到的宇宙。1980 年提出的暴涨宇宙模型则是热大爆炸宇宙模型的补充。它认为在宇宙极早期，在我们的宇宙诞生后 10～36 秒的时候，它曾经历了一个暴涨阶段。

用哲学观念思考宇宙

有些宇宙学家认为，我们的宇宙是唯一的宇宙；大爆炸不是在宇宙空间的哪一点爆炸，而是整个宇宙自身的爆炸。但是，新提出的暴涨模型表明，我们的宇宙仅是整个暴涨区域的非常小的一部分，暴涨后的区域尺度要大于 1×10^{26} 厘米，而那时我们的宇宙只有 10 厘米。还有可能这个暴涨区域是一个更大的始于无规则混沌状态的物质体系的一部分。这种情况恰如科学史上人类的认识从太阳系宇宙扩展到星系宇宙，再扩展到大尺度宇宙那样，今天的科学又正在努力把人类的认识进一步向某种探索中的"暴涨宇宙""无规则的混沌宇宙"推移。我们的宇宙不是唯一的宇宙，而是某种更大的物质体系的一部分，大爆炸不是整个宇宙自身的爆炸，而是那个更大物质体系的一部分的爆炸。因此，有必要区分哲学和自然科学两个不同层次的宇宙概念。哲学宇宙概念所反映的是无限多样、永恒发展的物质世界；自然科学宇宙概念所涉及的则是人类在一定时代观测所及的最大天体系统。两种宇宙概念之间的关系是一般和个别的关系。随着自然科

学宇宙概念的发展，人们将逐步深化和接近对无限宇宙的认识。弄清两种宇宙概念的区别和联系，对于坚持马克思主义的宇宙无限论，反对宇宙有限论、神创论、机械论、不可知论、哲学代替论和取消论，都有积极意义。

宇宙的来源探究

有些宇宙学家认为，暴涨模型最彻底的改革也许是观测宇宙中所有的物质和能量从无中产生开始的，这种观点之所以在以前不能为人们接受，是因为存在着许多守恒定律，特别是重子数守恒和能量守恒。但随着大统一理论的发展，重子数有可能是不守恒的，而宇宙中的引力能可粗略地说是负的，并精确地抵消非引力能，总能量为零。因此就不存在已知的守恒律阻止观测宇宙从无中演化出来的问题。这种"无中生有"的观点在哲学上包括两个方面：①本体论方面。如果认为"无"是绝对的虚无，则是错误的。这不仅违反了人类已知的科学实践，而且也违反了暴涨模型本身。按照该模型，我们所研究的观测宇宙仅仅是整个暴涨区域很小的一部分，在观测宇宙之外并不是绝对的"无"。现在观测宇宙的物质是从假真空状态释放出来的能量转化而来的，这种真空能恰恰是一种特殊的物质和能量形式，并不是创生于绝对的"无"。如果进一步说这种真空能起源于"无"，因而整个观测宇宙归根到底起源于"无"，那么这个"无"也只能是一种未知的物质和能量形式。②认识论和方法论方面。暴涨模型所涉及的宇宙概念是自然科学的宇宙概念。这个宇宙无论多么巨大，作为一个有限的物质体系，也有其产生、发展和灭亡的历史。暴涨模型把传统的大爆炸宇宙学与大统一理论结合起来，认为观测宇宙中的物质与能量形式不是永恒的，应研究它们的起源。它把"无"作为一种未知的物质和能量形式，把"无"和"有"作为一对逻辑范畴，探讨我们的宇宙如何从"无"——未知的物质和能量形式，转化为"有"——已知的物质和能量形式，这在认识论和方法论上有一定意义。

时空起源

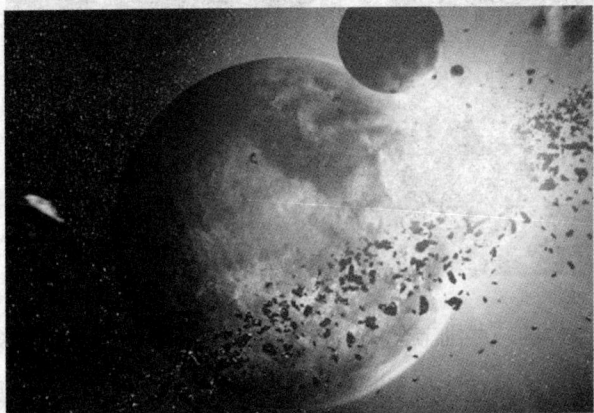

有些人认为，时间和空间不是永恒的，而是从没有时间和没有空间的状态产生的。根据现有的物理理论，在小于 1×10^{-43} 秒和 1×10^{-33} 厘米的范围内，就没有一个"钟"和一把"尺子"能加以测量，因此时间和空间概念失效了，是一个没有时间和空间的物理世界。这种观点提出已知的时空形式有其适用的界限是完全正确的。正像历史上牛顿的时空观发展到爱因斯坦的相对论时空观那样，今天随着科学实践的发展也必然要求建立新的时空观。由于在大爆炸后 10～43 秒以内，广义相对论失效，必须考虑引力的量子效应，因此有些人试图通过时空的量子化的途径来探讨已知的时空形式的起源。这些工作都是有益的，但我们决不能因为人类时空观念的发展或者在现有的科学技术水平上无法度量新的时空形式，而否定作为物质存在形式的时间、空间的客观存在。

人和宇宙的关系

从 20 世纪 60 年代开始，由于人择原理的提出和讨论，出现了人类存在和宇宙产生的关系问题。人择原理认为，可能存在许多具有不同物理参数和初始条件的宇宙，但只有物理参数和初始条件取特定值的宇宙才能演化出人类，因此我们只能看到一种允许人类存在的宇宙。人择原理用人类的存在去约束过去可能有的初始条件和物理定律，减少它们的任意性，使一些宇宙学现象得到解释，这在科

13

学方法论上有一定的意义。但有人提出，宇宙的产生依赖于作为观测者的人类的存在。这种观点值得商榷。现在根据暴涨模型，那些被传统大爆炸模型作为初始条件的状态，有可能从极早期宇宙的演化中产生出来，而且宇宙的演化几乎变得与初始条件的一些细节无关。这样就使上述那种利用初始条件的困难来否定宇宙客观实在性的观点失去了基础。但有些人认为，由于暴涨引起的巨大距离尺度，使得从整体上去观测宇宙的结构成为不可能。这种担心有其理由，但如果暴涨模型正确的话，随着科学实践的发展，一定有可能突破人类认识上的困难。

哪里是宇宙的中心

人们总习惯于寻找中心，政治中心、经济中心、游乐中心等。古人以为地球是宇宙的中心，而人类是地球的中心，但后来我们失望地发现一切并非如此。那么，宇宙有中心吗？如果有，它在哪儿？太阳系中所有的行星都绕着它们的中心——太阳旋转。连那么庞大的银河系也是有中心的，它让周围所有的恒星也都绕着它来旋转。

这么说来，我们的宇宙也应该存在这样的中心，但是实际上它并不存在。因为宇宙的膨胀是发生在四维空间内，而不是我们通常所能理解的三维空间内，它不仅包括普通三维空间（长度、宽度和高度），还包括第四维——时间。四维空间的膨胀很难用三维思维来描述，但是我们也许可以通过观察并用气球的膨胀来解释它。假设宇宙是一个正在膨胀的气球，而星系是气球表面上的点。我们还必须假设星系只能沿着表面移动而不能进入气球内部或内外运动。也就是说，我们把自己描述为一个生活在气球表面的二维空间的人。

气球的表面不断地向外膨胀，也就是说宇宙不断膨胀，则表面上的每个点彼此离得越来越远。站在任何一点上的人将会看到其他所有的点都在退行，而

15

且离得越远的点退行速度越快。

在现实中，宇宙膨胀不是在三维空间内开始的，而我们只是三维空间的人。宇宙是在过去的某个时间，即亿万年以前，在当时的一个四维空间的点开始膨胀，虽然我们可以获得有关的信息，但我们却无法回到那个时候，无法探明那一点在四维空间中的位置。

宇宙真的没有中心。但是，这样的宇宙是不是会显得杂乱无章？也许它在我们所不能理解的四维或五维空间中是有中心的，而且是井然有序的。

宇宙中的智慧生物

　　人们总是想象宇宙中是否存在高等发展的智慧生物，那么，这种可能性到底存不存在呢？毫无疑问，和地球类似的行星是存在的，有类似的混合大气，有类似的引力，有类似的植物，甚至可能有类似的动物。然而，其他的行星非要有类似地球的条件才能维持生命吗？

　　实际上，生命只能在类似地球的行星上存在和发展的假设是站不住脚的。以往人们认为放射性很强的水中是不会有任何微生物的。但是实际上有几种细菌可以在核反应堆周围足以致死的水中存活。有两位科学家把一种蠓在100℃高温下烤了几个小时后，马上放进液氢中（液氢的温度低得和太空中一样），再经过强辐射照射后，他们把这些实验品再放回到正常的生活环境中。这些昆虫又恢复了活力，并且繁殖出完全健康的后代。

　　这无非是举出了极端的例子。也许我们的后代将会在宇宙中发现连做梦也没有想到过的各种生命，也会发现我们在宇宙中不是唯一的、也不是历史最悠久的智慧生物。地球外的茫茫宇宙中，究竟有没有生命，究竟有没有类似地球人甚至比地球人拥有更高级文明的外星人？随着空间科学技术的不断发展，这

个富有神话色彩的猜测，越来越激励着人们的心。对这个亘古未解之谜尽管目前众说纷纭，莫衷一是，但原来持否定态度的权威人士，越来越多地转向了可能存在这一边。

科学家能够提出地球外有生命，甚至推测存在比我们更聪明的外星人，是很了不起的。因为有些人会用地球上生命形成与存在的传统理论来衡量外星球，忘却了它们之间在地理条件和自然环境上的不同。

科学家希柯勒教授在实验室里创造了一种与地球环境截然不同的木星环境，在这样的环境条件下成功地培养了细菌与螨类，从而证明生命并不是地球的"专利品"。我们地球上的所有生物也不是按照同一个模式生活的。氧是生物进行新陈代谢的重要条件，但是有一种厌氧细菌，就不需要氧，有了一定的氧反而会中毒死亡。高温可以消毒，会使生命死亡，但海底有一种栖息在140℃条件下的细菌，温度不高反而会死亡。据估计，地球上不遵守生命理论而存在的生物有好几千种，只是我们没有全部发现而已。有些人往往认为地球的环境是完美无缺的，什么只有一个大气压、常温、湿度正常……其实，这些标准是地球人自定的。我们不应该以地球上生命存在的条件去硬套其他星球，各星球有自己的具体条件。如果表面温度为15～150℃的火星上存在着火星人，他们也许会认为在地球这个温度条件下根本无法生存。

于是，在生命理论的研究领域中，行星生物学应运而生了。主要研究各种行星的自然条件，是否存在适宜于这些环境条件的生物，地球生物是否可以移居到其他行星上去，以及发现行星生物新方法。因为生物往往具有一种隐蔽的本能，即使存在也不一定轻易发现。例如地球空间中存在着许多微生物，但又有谁能用眼去发现它们呢？目前，对火星、金星、木星等的探察工作刚刚开始，预言这些星体上不存在任何生

命，似乎为时尚早。

随着人类对自然界认识的深化及当代科学技术的飞速发展，人们提出在地球以外的星体上存在生命甚至高度文明社会的问题不足为怪。科学家们为好奇心驱使极力想探明究竟，于是在很多年前就产生了寻找"地外文明"的想法。

关于在地球以外广大的宇宙中是否有智慧生命的问题，科学家们分成了两大派。一派说，既然我们人类居住的地球是个最普通的行星，那么有智慧的生命就应当广泛地存在于宇宙中；另一派却说，尽管生命可能在宇宙中广为存在，但能使单细胞有机体转变成人的进化过程所需的特定环境出现的可能性是极小的，因此在地球外存在智慧生命就不大可能了。就科学的发展来看，这样的争论是正常的、有益的，而且会推动对"地外文明"探索的进程。

宇宙天体之间的大碰撞

1994 年 7 月 17 日，宇宙之中发生了惊天动地的大碰撞，苏梅克—列维 9 号彗星连续撞击木星，使我们体会到宇宙大碰撞的巨大威力。

有人说：我们的地球是在渐变和灾变中演化过来的，渐变是缓慢地变化，这应是宇宙中任何星体共有的规律，也是地球自身演化的基本规律。但也有人说，古生物和古地质在短时间发生的巨变现象，却不能用渐变的说教去解释，因为沧海桑田一夜间便发生了；生物灭绝等翻天覆地的变化，又使一些新的物质产生，这对地球而言，虽说是"灾变"，但它的确为地球的新生创建了另一番天地。

20 世纪 80 年代以来，宇宙天体碰撞学说风行一时，科学家开始相信，在地球历史中所发生的重大事件都与碰撞密切相关，这些事件的爆发造成了地球环境的灾变，从而导致了生物的大规模灭绝。这种灭绝又为生物的进一步进化铺平了道路。

有谁能说出地球遭受多少次灾变，面对被碰撞得遍体鳞伤的地球，人们不禁想起在地球上发生的无数次外星物体的冲撞，为地球留下永远也抹不平的伤痕。虽然岁月已使人们淡忘，但更多的是人们对撞击的思索。

尽管地球上大多数的冲击坑都被自然之手抹平了，或者被海水吞没了，但科学家们还是发现了120多个地球上幸存下来的冲击坑，而且现在每年还在辨认或找出若干新的冲击坑。1905年，美国工程师、企业家巴林格发现的陨石坑，不仅大，而且奇特，坑的直径约1200米，深约180米，边缘高30～40米，接近为四方形，如此巨型陨石坑，就是你绕周边走一圈，至少也得花好几个小时。所以它成了当地旅游观光的好去处。

我们分析它形成的原因是天外来客巴林格陨石冲击地球所造成的。砸出深坑的"大铁块"估计直径达60米，质量约100万吨，在两万年以前以每秒约10千米的速度冲击地球，发生特大爆炸，从而给地球留下至今难愈的"创伤"，类似这样的事例极多，请看如下记录：

南非阿扎尼亚的维列福盆地在南纬27°附近，直径达70千米。调查结果表明，它大约形成于3亿年以前。

澳大利亚中部的亨伯里陨石坑群。这里保存着13个坑穴，其中最大1个是卵圆形，最长直径220米，深12米。亨伯里陨石的发现，是1930年11月25日一场流星雨引出来的。

爱沙尼亚萨莱马岛的卡利湖。在20世纪20年代末，确定该湖是一个陨石坑，直径为110米，深22米。在湖周围0.75千米范围内，还发现有至少6个坑。萨莱马岛位于波罗的海东侧，面积2600多平方千米。造成该岛陨石坑群的流星雨爆发在大约3500年前。

加拿大魁北克省的环形湖。最初是一架美国飞机在魁北克省的昂加瓦地区发现的一个特别圆的小湖。后来，查明是一个陨石坑。直径比亚里桑那陨石大3倍，最大深度超过500米。据估计，陨石坑的年龄不到两亿年。中国也陆续

发现一些陨石坑。如江苏太湖陨石撞击坑。内蒙古河北交界处的多伦陨石坑，直径 170 千米。吉林九台县的上河湾陨石坑，直径 30 千米。广州始兴县的陨石坑，直径 3 千米。广东新兴县的内洞陨石坑，直径达 6 千米。还有人推测四川盆地就是一个巨大的陨石坑。

科学家还宣称在海底探明有陨石坑，并大胆提出，地球上的许多海洋盆地，甚至是太平洋、墨西哥湾等，也是陨石撞击出来的。

无论如何，天体冲撞地球，在地球演化中扮演了不可缺少的角色，这是多数科学家公认并认真思考的事实。

几亿年甚至几万年前的灾难性碰撞，虽然离我们太遥远，但发生在我们眼皮底下的碰撞，不能不引起警惕和深思。人们公认宇宙中的小行星是地球最危险的敌人，它直接威胁着人类的生命，彗木大碰撞作为历史一页虽然已经翻过，但留给地球的警示启迪却发人深省：有人曾这样推测，宇宙中的星体这么多，说不定什么时候地球也会遇上这种灾难性碰撞。它的可能性又有多大？如果有朝一日遇上了，人类能够战胜吗？地球这艘宇宙飞船会在这类宇宙交通事故中搁浅吗？像彗星、液星体这样的不安定分子到底有多少？对地球到底构得成威胁吗？

在这场生与死的角逐中，小行星却扮演了极不光彩的角色。自意大利天文学家皮亚齐于 1801 年元旦，在火星和木星轨道之间发现新行星起，就揭开了人类发现和研究小行星的序幕。从第一颗谷神星到智神墨、婚神星、灶神星……整个 19 世纪，发现 400 颗以上，到了 20 世纪，小行星的发现愈加频繁。

其中已测算出运行轨道并编号的有近 3000 颗。据估计，现代天文望远镜发现的小行星不到总数的千分之几。

虽为数众多，但这些小行星体积和质量都很小。最大的谷神星直径只有 770 千米，不到月球直径的 1/4，体积不足地球体积的 1/450。如果你登上小行星，能一目了然地意识到是在一个行星上，四周越远越向下弯，球形感油然而生。1937 年发现的赫梅斯小行星，直径不足 1 千米。如果把小行星全部聚集成团，充其量只有一颗中等卫星的大小，同大行星的大小相比，真是差得太远了。

这么浩浩荡荡的小行星军团，多数都集中行走在火星和木星轨道之间的小行星带上，越出这个范围的极少，但也有少数不老实的"卒子"，沿椭圆轨道运行，远时可以跑到木星以外的空间，甚至跨到土星轨道之外，近时却大踏步走进地球轨道里侧，甚至深入到金星轨道之内，成为"近地小行星"，成为太阳家族的不安定分子，很可能是未来地球的主要"杀手"。

近地小行星轨道偏心率一般比较大，从它与地球之间距离来说，最近时一般几百万千米至5千万千米，少有贴近到百万千米的。所以当小行星与地球贴近到百万千米以内，就可算是十分危险的了。1937年10月小行星赫姆，在地球外80万千米附近掠过，只相当于月地距离的两倍；1989年3月，也有一颗小行星飞到距离地球75万千米的位置，又远离我们而去。万一有一天它要是再贴近呢？从辽阔的宇宙空间尺度来看，说它们与地球近在咫尺，并不夸张。这么多小行星在地球附近空间穿来穿去，让人类能不捏一把汗吗？

地球在这样的环境中生存，地球遇上灾难性碰撞的可能性到底有多大，能不能人为地去避免？根据专家的看法，直径大于1000米的小行星以及超过600

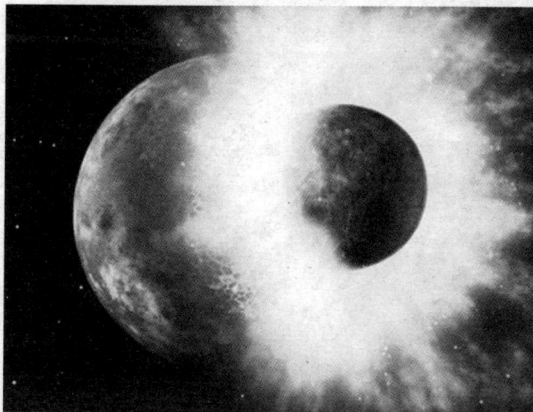

米的彗星，原则上都有可能成为地球的潜在敌人。据天文学家计算，目前宇宙中，直径为1000米的"危险分子"为1200万～2000万颗，太阳系中，直径100米的彗星达100万颗，潜在威胁很大。

近地小行星与地球碰撞的概率各方面估计不尽相同，出入也

大。有人估计，平均几十万年或几千万年才发生一次。这对地球 46 亿多年的漫长岁月而言，可以说是微乎其微了，可是人们还是心有余悸。如按每年都发生的可能性为 50 万分之一，那么今后 100 年的可能性是 10 万分之一。这样一来可以算出人的一生中遇到的可能性为 20 万分之一。

再如，像彗木碰撞每 1000 万～8000 万年有一次。日本吉川真通过分析，直径为 1 千米以上小行星撞击概率 12 万年一次；今后 2600 年间，有五六个小行星处于和地球较为接近的状态，最近是相距 15 万千米，约为月地距离的一半。

所以，天地冲撞也并不是危言耸听。它应该唤起天文学家和公众的注意。

从某种角度看，就算是百万分之一的概率，一旦小天体突袭地球，人类随着科学技术的发展应能够抢先预报，从而测算出正确的轨道，那么我们就有了防范的措施。

宇宙有"多少岁"

　　天文学家们 24 日说，他们利用"哈勃"空间望远镜观测到了迄今所发现的银河系中最古老的白矮星，这为确定宇宙年龄提供了一种全新的途径。新推算出的宇宙年龄为 130 亿～140 亿年。

　　天文学家们在美国宇航局的新闻发布会上介绍说，这些古老白矮星是在位于天蝎星座、距地球 7000 光年的一个名为 M4 的球状星团中发现的。分析表明，这些白矮星的年龄为 120 亿～130 亿年。

　　白矮星是宇宙中早期恒星燃尽后的产物，它会随着年龄的增长而逐渐冷却，因而被视为测量宇宙年龄的理想"时钟"。天文学家们比喻说，借助白矮星来估算宇宙的年龄，就好似通过余烬去推测一团炭火是何时熄灭的，原理上比较简单。但问题是白矮星会由于不断冷却而越来越黯淡，这是实际观测中需要克服的困难。

　　在观测 M4 球状星团的过程中，"哈勃"空间望远镜的观测能力发挥到了极限。望远镜上的照相机在 67 天中累计用了 8 天的曝光时间，才拍摄下迄今最黯淡、温度最低的白矮星照片。这些白矮星光线极其微弱，亮度不及人的肉眼所能看到的

最暗星体的 10 亿分之一。

新发现的白矮星前身是宇宙中的第一批恒星。"哈勃"空间望远镜早先的观测结果显示，宇宙中的首批恒星，最早可能是在诞生宇宙的"大爆炸"后不到 10 亿年间形成的。因此，将这 10 亿年考虑进去，结合最新的白矮星观测结果，推算出宇宙的年龄应该为 130 亿～140 亿年，这与早先的一些结果基本相符。

此前关于宇宙年龄的推断，主要基于对宇宙膨胀速率的测算。天文学家们指出，白矮星观测提供的是一种完全不同的独立手段，将有助于验证和核对用其他方法得出的结果。

生物居住区

人们经常问：我们地球不仅表面有生命，温暖的地壳下面和寒冷的冰山顶上也有生命，地球外也有生命吗？科学家认为，回答应当是肯定的。他们把地球外有生命的地方叫做"生命居住区"，并且认为生命居住区只能出现在地球型行星和相应的卫星上，例如太阳系的火星、木卫二、木卫三、土卫二和土卫六上。而恒星上因为温度太高，生命难以生存，所以不能作为居住区。

"居住区"一词最早出现在 1959 年。1992 年美国宾夕法尼亚州的詹姆斯·凯斯汀对它作了详细的阐述：居住区是恒星周围的空间区域，区域内的行星表面上要有液态水，这样的区域只能存在于"太阳型恒星"周围的行星上。在我们太阳系中，居住区位于金星与火星之间，这里不太热，也不太冷，是"黄金轨道"区。比金星近的行星太热，太干燥，也不能太远，像海王星那样的行星太冷，生命无法生存。居住区的位置取决于带行星系统的恒星的大小和温度，一般位于恒星外面。恒星越热，居住区的位置越远，也越宽。居住区也取决于行星大气，如果某行星周围存在大量俘获热量的温室气体，例如二氧化碳，那么该行星就可以维持在距离恒星较远的地方。此外，还希望恒星周围有气体或尘埃盘，否则就没有形成行星的"原料"。行星形成后还需有长期稳定的气候和适当比例的化学成分，还需要有磁场防护来自太空其他星球的致命高能粒子袭击。对地球大小的行星而言，维持生命或许还需要一个大质量行星作为"引力真空吸尘器"，为地球大小的行星清除前进道路上的障碍，以免发生 1994 年"苏梅克—列维彗星"撞击木星那样的宇宙撞击事件。

对于生命起源和生存而言，一定要在地质时间尺度上保持连续的可居住性。

由于这个原因，天文学家只选择低质量的主序星作为具有可居住的行星。这样的恒星像太阳一样，所以生命的诺亚方舟应当到"太阳型"恒星周围去找。现在已经在太阳系外发现了130多颗行星，但遗憾的是，除地球外，目前还没找到一颗有生命栖息的行星。据估计，在银河系内，周围拥有行星系统的恒星有100万～150万颗，而且这些恒星不是一成不变的，由于演化，恒星会变老。恒星变老，光度会增加，这将推动居住区向外移。在极端情况下，整个居住区可以移到它的所在地外面，从而导致业已形成居住区的行星上的一切生命都惨遭不幸！好在大部分恒星生命期间，恒星变老对居住区影响不太大，不会影响到居住区的存在，即使在它们内外边缘随其光度变化而变化的时候，也不会有多大的改变。

人类的认识是与时俱进的，科学家的思想也是一样。20世纪下半叶，在宇宙生命研究中取得了一系列发现，这些发现向传统观念提出了挑战，让科学家对居住区的认识有了飞跃。10年前科学家在被视为生命不能存在的海底发现了微生物，其中有奇异的蟹、蛤和奇异的管虫，还有细菌移民。这是一些超级喜热微生物，生活在海底火山口附近117℃的热液周围或热液中，依靠从火山口喷发出来的鳞状发光物生活。它们能抗御极高的压力和腐蚀性极强的酸，能经受大剂量辐射照射。除了海底存在奇异的有机物外，还在几米深的温暖地壳下面和寒冷的冰山顶上，发现了包括

超级喜热微生物在内的多种原始生命。超级喜热微生物与呼吸氧气的有机物获得能量的方式不同，它们不需要有机分子或阳光，而是由临时代谢作用获得能量。地球上所有有机物内都存在核糖核酸的细胞分子，每一种核糖核酸都有唯一的化学序列，两种比较接近的核糖核酸，其核糖核酸序列比较相像。因此根据大量比较有代表性的有机物，科学家可以做出地球上熟悉的"生命树"，令人惊讶的是，生命树的"根"和最低的"枝"都被超级喜热微生物占据着。这给科学家一个启迪：生命可能起源于超级喜热微生物，在苛刻的生命条件下，生命力顽强的有机体能够生存。因此在传统的居住区外面，有液态水的地方也可以支持生命存在；如果一颗巨大行星内有大量内能提供热量，它就不需要接近太阳，在没有光照的表面上也能有足够能量维持生物量。

即使上面一切都具备了，在适当轨道上发现地球大小的行星后，还需要对新世界的居住区进行仔细考虑。因此，在寻找太阳系外新行星的同时，还需要对已经探测到的生命诺亚方舟进行深入研究。有人预计，发现新行星的任务10～25年可以基本结束，而由于太阳系外行星距离遥远，地面望远镜无法看见那里1米大小的物品，因此第二项任务落到了空间科学家的头上。空间科学家准备发射大型空间望远镜，已列入计划的有欧洲空间局的"达尔文"（简称 Darwin）和美国宇航局的"地球型行星发现者"（简称 TPF）。

宇宙中的反物质

以哲学的判断，世界万物是相辅相成的，有正必有反，有正必有负，有生必有灭，有亮必有暗……有物质必有反物质。可是科学家在力所能及的范围内就是找不到反物质。如果找到反物质，将使人类生活大为改观，当然这还在憧憬之中。

大家知道物质是由分子组成的，分子又是由原子组成的，而原子又是由原子核和电子组成，原子核由质子等粒子组成。按照物理学中的等效真空理论，宇宙中的每一种粒子都应该有一与之对应的反粒子，它带有数值相等而符号相反的电荷；宇宙中有多少由质子、中子和电子结成的物质，就必定有同样多的反质子、反中子和正电子结成的反物质，宇宙中的正反物质应该是严格对称的。

通过几十年来的观测，天体物理学家已经确认，我们的星系和星系团以至包括我们的超星系团在内的大约离地球一亿光年的空间范围内是由物质组成的而没有反物质。但量子力学认为，各种基本量（如电荷和动量）是守恒的，宇宙创生时产生了物质，必然产生了相等的反物质。例如物质世界中最简单的由于反物质所产生的光应该与物质是一样的，所以从光谱上无法确定反物质的存在。分辨物质和反物质的唯一办法是对所研究的星系物质进行物理检验，宇宙射线就是由超新星遗留物、恒星或别的天体碎屑放出的原子类物质，由反物质形成的宇宙射线必定来自一亿光年之外的星系，它只占宇宙射线的百万分之一。到目前为止，用各种方法所接收到的宇宙射线中仅发现少量的反质子而没有发现反物质的存在。

目前虽然发现和制造的反物质粒子并不多，但反物质的一种形式——正电子已经有了许多实际用途。例如正电子发射 X 线层析照相术（PET），医生利用 PET 扫描不仅能得出患者软组织的详细图像，而且能够观察他们体内的化学过程，其中包括在进行认识活动时大脑各部分消耗"燃料"的速度。

反物质的一个潜在且十分诱人的用途是作为制造星际航行火箭的超级燃料。将氢和反氢混合湮灭来获得能量，那么这种燃料的 0.01 克所产生的推力就相当于 120 吨由液态氢和液态氧组成的传统燃料。

物质和反物质这一物理体系给物理学家、化学家、天体物理学家带来一系列新的课题，同时也给人类带来新的憧憬。

宇宙尘埃

　　宇宙中除了大量人类可见的天体外，也有大量人类不可见、不易见的尘埃。这些尘埃每年降落到地球表面的就达 23 430 吨，对我们的生活产生着不容忽视的影响。这些尘埃是由哪些成分组成，又是怎样形成的呢？科学家们给了我们以下的解释。

　　宇宙尘埃指的是飘浮于宇宙间的岩石颗粒与金属颗粒。在广袤而空旷的宇宙之间，除去各种各样的恒星、大行星、彗星、小行星等天体之外，并不是一片完全的真空。

　　事实上，宇宙中存在着大量的宇宙尘埃，这些尘埃看似不起眼，却能对我们的生活产生不容忽视的影响。

　　从物质上进行分析，宇宙尘埃其实和组成地球的成分没有什么区别。但出于种种原因，这些尘埃并未能够聚合成一颗星体，而是呈微粒状悬浮于宇宙空间之中。在适当的引力作用下，这些尘埃很有可能较为密集地聚集在一起，呈云雾状，在天文望远镜的镜头中，往往显得绚烂多彩，因此人们将之形象地称为"星云"。这些宇宙尘埃在落到地球上之前，是星际尘埃的一部分。由于它们反射太阳光线，形成了黄道光的模糊光带。在几百万年的时间内，尘埃颗粒不断向太阳旋转前进，并不断从小行星带得到补充。据有关专家测定，粒径大于 60 微米的宇宙尘埃，年降落量约为 23 430 吨。宇宙尘埃的结构和地球一样具有核—幔—壳三重结构，而且每个球粒的核心半径大于幔厚与壳厚，它们之间的平均厚度百分比为 53.3：46 和 4：0.8。其比值与地球的核—幔—壳厚度之间百分比相近。宇宙尘埃，大致有三种类型：一种外表颜色呈黑色或黑褐色，外表光亮耀眼，极像一颗颗发亮的小钢球；第二种是暗褐色或稍带灰白色的球状、椭球状和圆角状的小颗粒，主要成分为氧、硅、镁、钙、铝等；第三种是一些无色或淡绿色的玻璃球，主要成分为二氧化硅，还含有少量的二价氧化物。

当宇宙存在仅有七亿年的时候，许多星系便充满了大量宇宙尘埃，究竟这些尘埃是怎么产生的呢？近期，天文学家根据美国宇航局斯皮策太空望远镜的观测结果宣称，宇宙尘埃可能来自 II 型超新星，当这些宇宙大型星体发生剧烈爆炸时会释放出许多宇宙尘埃，是它们孕育了宇宙尘埃。

宇宙尘埃是星系、恒星、行星和宇宙生命体的重要组成部分。宇宙尘埃的形成一直是天文学界的难解之谜，直至近年科学家才发现宇宙尘埃形成的两种方式：一是具有数 10 亿年生命史的类太阳星体释放出的流溢物；二是太空中微粒缓慢浓缩过程释放的物质。然而，这两种观点却无法解释宇宙存在仅数亿年时宇宙尘埃是如何形成的。天文学家认为，宇宙早期尘埃可能来自超新星爆炸，但却很难获得相关确凿的证据。

目前，天文学家们使用斯皮策太空望远镜、哈勃空间望远镜和位于夏威夷岛地面的双子北座望远镜进行了新一轮的观测分析。美国空间望远镜科学协会本·苏根曼博士和同事们发现：在 SN 2003gd 超新星（一种大型Ⅱ型超新星）的残骸中存在大量的热尘埃，该超新星残骸位于距地球 3 千万光年的 M74 旋涡星云中。

据悉，像 SN 2003gd 这样的星体生命很短暂，只生存数千万年。苏根曼博士的这项研究显示超新星可释放大量的宇宙尘埃，他认为早期宇宙中的尘埃很可能就来自Ⅱ型超新星爆炸。苏根曼博士说："这项研究颇具吸引力，当科学界对宇宙尘埃来源的解释模棱两可时，它最终解释了超新星爆炸孕育了宇宙尘埃。"

由于超新星很快会变灰暗，科学家需要精确灵敏度高的望远镜观测当超新星最初爆炸数个月之内的状况。科学家猜测许多超新星都会制造大量宇宙尘埃，但是过去由于技术的局限使科学家们无法解释宇宙尘埃的来源之谜。苏根曼博士说："人们早在 40 年前就猜测超新星可能制造宇宙尘埃，但相关的证实技术只是近年内才得以实现。我们使用斯皮策太空望远镜能够精确地看到热尘埃是如何形成的。"英国伦敦大学迈克尔·巴洛博士称，宇宙尘埃是构建彗星、行星和生命的基本要素。这项最新研究显示超新星可能是宇宙尘埃的主要来源，但目前天文学家对宇宙尘埃形成的研究认识仍不完善。

宇宙灾难

1979年3月15日，9颗人造卫星同时探测到距银河系不远的大麦哲伦星云之中一颗中子星的大爆炸。这次爆炸只持续了0.1秒，但它所释放出的能量却相当于太阳在3000年所释放能量的总和。如果这次爆炸发生在银河系，地球将顷刻间化为一缕蒸汽。可见，征服宇宙，与命运抗争，将是人类面临的严峻挑战。科学家们早已发现，在地球存在40多亿年的历史长河中，地球与宇宙其他天体之间存在着一种不可低估的微妙联系，正是这种联系才周期性地导致了地球上的天灾人祸。天体物理学家通过几代人的探索和潜心研究，终于揭示出宇宙悲剧与人类命运之间的微妙关系链及其引发地球上天灾人祸的天体物理学原理。

地球灾难与宇宙周期的联系

据古希腊的历史记载，公元前436—公元前427年，在希腊的阿提卡州各种流行病猖獗之际，同时伴发有大地震、水灾、旱灾等灾害。

另据编年史记载，1601年6月间，一颗突如其来的彗星划破长空，白昼立刻变成黑夜，几千道闪电横贯苍穹，一些教堂的圆屋顶因大地的抖动而塌落，有史以来大得罕见的冰雹从天而降，然后转雹为雨，久降不息，几乎持续两个半月，到8月份才雨过天晴。可是，紧接着黑色周期又降大雪，潮湿而泥泞的冬季过后，夏季又阴雨连绵。这一年颗粒未收，饥荒的"死神"降临了！人们吃草根、咽树皮，杀狗、宰猫、吃老鼠。人吃人的时代到了，这令人恐慌的年景一直持续了3年。

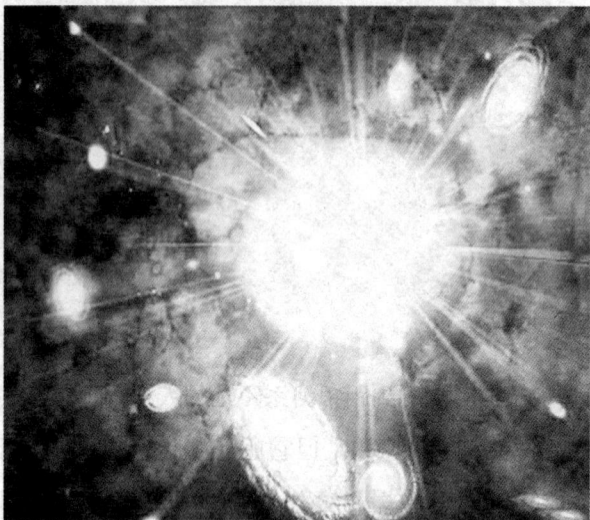

从大量的人类历史事件中不难发现，在每一个世纪，当社会出现不稳定因素时，总会伴发异常的自然现象和宇宙悲剧。人类坚信自己的努力定能扭转乾坤，却没发觉，地球上发生的一些重大自然现象或政治事件，都同"地球——宇宙"相互作用的微妙关系链密切相关。科学家们通过大量研究发现，地球上重大事件的发生时期同太阳活动期及其高峰期十分吻合。例如，1904—1905 年，爆发了日俄战争；1917—1920 年，十月革命和俄国的大规模内战爆发，同时发生了旱灾和饥荒；1939 年，第二次世界大战爆发。

1976 年是我国多灾多难的一年。这一年的 7 月 28 日，发生唐山大地震，死亡总数达 24.2 万多人，伤 16.4 万人；同年 3 月吉林省陨落巨大陨石。此外我国山东、河南、安徽等省遭受严重水灾，损失巨大。这一年，还发生了许多重大事件。

发生上述事件的时间也正是太阳活动期及高峰期。历史上的诸多事件都证明了这一点。俄国著名宇航学家齐奥尔科夫斯基在自己的著作中对此论述道："对大量历史事件的统计报告表明，随着太阳活动高峰期的临近，发生上述自然现象和重大事件的频率将会剧增，并将在太阳活动高峰年，这些现象和事件也将达到自己的高峰值。"这一点已由俄罗斯名学者 A.J.I. 契热夫斯基通过整个人类历史曲线图描绘了出来，它包括 80 多个国家和民族的历史。

周期性包含在自然界和宇宙的各个方面——这早已得到公认。俄罗斯学者 A.J.I. 契热夫斯基通过大量观测和研究证实，在太阳与地球的关系中同样存在着这种周期性。他是根据对 11 年的太阳活动周期的观测得出这一结论的。迄今已知，太阳活动的最大周期为 2 亿～23 亿年，最小周期是 11 年。

太阳活动的小周期较之大周期的危害性小些，因为太阳活动的大周期能导致全球性灾难和悲剧。太阳的这种活动周期相互交错，而且每一个周期都很独特，从而使对太阳活动周期的观测及其活动特点的预测复杂化。

世界各国科学家正在竭力探索太阳活动的原因，以便预测其未来的活动。许多假说就是据此提出的。大多数科学家都以太阳内部的理化过程为依据加以论证。毋庸置疑，外因与内因并存，从另一个角度看，还有某些外因也能对太阳产生影响。

我们根据万有引力定律得知，两物体之间的引力与它们的质量成正比，与它们之间距离的平方成反比。换言之，两物体的质量越大，其距离越小，它们之间的相互作用力就越大。我们还知道，所有行星都沿椭圆轨道绕太阳运行。行星与太阳之间的相互作用是经常性的。当行星运行到近日点时，它们之间的相互作用力最大，我们把行星的这一运行周期称作行星的"黑色周期"。由于这两个超限充足的天体接近，太阳上就会发生爆发，而行星上也会发生相应的灾变。

根据行星对太阳最大作用的连续时间便能计算出哪颗行星对太阳的影响最大。月球对地球的影响长达 3 天，这约是月球绕地球运行周期的 10%。冥王星距太阳较海王星更远，所以冥王星的"黑色周期"也是其绕太阳运行周期的10%。如果这一比例率（10%）对所有行星都成立的话，那么对太阳影响周期最短的行星是水星，周期为 6 天，而对太阳影响周期最长的行星是冥王星，周期约 30 年。对地球来说，这一周期是 36 天，约从每年的 12 月 12 日到第二年的 1 月 20 日。

据对太阳的观测，记录下太阳黑子的活动是从 1749 年开始的。到 1989 年，在这 240 年间，太阳黑子的月平均值（即绯耳夫相对数）为 53 个单位。太阳目前已进入活动高峰期，其黑子值是 200 个单位，这是 240 年间指标最高的。

然而，天文学有通过理论上的计算推断，太阳系还应该存在第 9 大行星，其质量应为 1～5 个地球质量，它距太阳 80 个天文单位。科学家们还认为，完

全有可能还存在第 10 颗和第 11 颗大行星。据计算，它们绕太阳运行的公转周期为：第 10 大行星为 600 年，第 11 大行星为 1400 年。它们对太阳活动的影响依次递增。这两颗大行星对太阳的影响周期分别为 60 年、140 年。当它们接近太阳时，就会导致太阳和地球上的不测事件发生。到底什么时候会发生这种不测事件，眼下还很难确知。根据间接征兆，太阳系第 9 行星将大约在 2200 年接近太阳，而第 10 大行星将到 3000 年时接近太阳，即经历它的"黑色周期"，而对第 11 大行星的计算尚未成功。

每一颗行星在行经其近日点，即"黑色周期"点时能对太阳造成影响。由此可得出一个结论：太阳系真正的行星"大聚会"只是发生在所有行星处于它们的"黑色周期"点，即近日点时。实际上，8 大行星对太阳的影响力和就等于所谓"世界末日"前夕的行星"大聚会"。只有当太阳经历它的"黑色周期"即行经其轨道最近点时，"世界末日"才会降临。太阳运行的位置不在我们的银河系中心，而在狮子座 O 星附近。目前，太阳正在沿其轨道朝着最远点——远日点运行，一亿年后太阳才能行经到这一点。到那时，地球将进入全球冰河期。

对宇宙中的任何一个系统（恒星系统、行星系统、卫星系统）而言，其新年到来之际，也就是它们行经其轨道的"黑色周期"点之时。对地球来说，新年从 1 月份开始。而冥王星的新年是 1989 年 9 月来临的。太阳的新年是 5 千万年前开始的，而它的下一个新年将在 2.5 亿年后到来。基于这一研究便可推断：恒星上发生的爆发是在时空尺度上的一种规律性现象——其中有恒星行经特殊区域，即轨道"黑色周期"时才会出现。俄罗斯、英国和德国的科学家的研究结果揭示了

恒星爆发的规律性，所有这些为预测太阳的未来活动提供了科学依据。

当太阳发生爆发时，能导致地球上的灾难和悲剧般的后果：第一，能使地球上的火山活动加剧，最终导致火山爆发。第二，使地球上的水循环加快，导致洪涝灾害。第三，使危及人类生命的流行病和传染病增多，同时使脑血管和心血管疾病的发病率升高。在此期间，经常晒太阳易导致皮肤癌，还有损于人体甲状腺。第四，处于太空中的宇航员会遭受极强的宇宙射线辐射，仪器断电，飞船防护罩受损。就连地面仪器对太阳上的这种爆发事件也有异常反应。譬如，1989 年 3 月 13 日的一次太阳爆发，导致了加拿大渥太华的金郎动力系统停机长达 9 小时，从而造成几亿美元的损失。太阳爆发还曾引起俄罗斯和美国运行在空间轨道上的几个航天器停止工作。此外，还能使地面的短波无线电通信中断。

当地球面对另外两颗行星时，特别是当这两颗行星又处于"黑色周期"时，就会引出这样一句谚语："二者联守，第三者难攻。"在这种情况下，地球就会破坏那两颗行星的相互作用场。这时，太阳和其他行星就会立刻对此作出反应。

据天文学家计算，到 2039 年，海王星将接近太阳。大约在这个时候，土星和木星将经历它们的"黑色周期"。到 2050 年，天王星也将经历"黑色周期"，这将形成一个节律；然而，海王星是 300 年前开始进入"黑色周期"的。这颗大行星对太阳的影响时间为 30 年（1710—1740 年）。综上所述，有充分根据认为，来自宇宙间对地球的周期性扰动，正巧在 21 世纪初出现，在这种情况下，"地球——宇宙"关系链的几个周期：大周期、小周期以及各个周期的高峰期交错迭生。

流星产生的原因

沿椭圆轨道绕太阳运行的被称为流星体的行星际空间尘埃和固体块，闯入地球大气层与大气摩擦燃烧产生的光迹称为流星。通常将流星分为偶现流星和流星群。肉眼观察到流星在天球上发光点的位置称为流星的出现点，其发光的最终点位置成为流星的消失点，从出现点到消失点所经过的路径称为流星路径。亮度大于金星的流星称为火流星，有的火流星甚至白昼可见。

充满了神秘色彩的诡奇、壮丽的流星，常常被认为是"天外来客"。然而，深入分析可以发现，许多流星也可能是电离层或辐射带中的尘埃等离子体发生辐射复合的一种现象。

观测表明，大部分流星在离地面 130～1010 千米时开始发光。而这恰恰是电离层中存在较高密度的金属离子的高度。另外，很多流星陨落时伴随"有声如雷"的现象。如清穆宗同治十二年六月十三（1873 年 7 月 7 日）夜，有流星光芒照地，坠于西南，其声如雷。清德宗光绪三十年（1904 年）有大星如斗，自东而西，有声如雷随之。类似记载极为丰富。"有声如雷"正是等离子体复合放能使空气振动形成的。

值得注意的是，不仅古籍中记载了许多流星出现时"有声如雷"的现象，现代人也听到过流星发出的种种不同的声音。1973 年 8 月 10 日，苏联鄂木斯克省，漆黑的夜空中突然闪出一道白色的电光，照得四周亮如白昼，在流星飞行的 15～18 秒钟期间，一直可以听见嘈杂的响声，好像一只巨大的鸷鹰从高空中猛扑下来。

目击者们对于流星之声的描述是形形色色、千奇百怪的，诸如嗡嗡声、沙沙声、啾啾声、辘辘声、刺刺声、淙淙声，子弹炮弹火箭飞过时的啸声、惊鸟飞起时的扑棱声、群鸟起飞时的拍翅声、火药燃烧时的哧哧声等。研究者给这种流星起了一个确切的名字——电声流星。

雷声和其他各种各样的"电声"正是等离子体复合放能使空气振动导致的。不同的声音显示了不同的离子成分和不同的电场状况。

流星中有一种被称为"火流星"，如 1962 年 7 月 3 日晚 9 时 15 分左右，在我国北京地区上空出现了一个大火球，由东向西飞驰。火球头部如一个白炽的圆球，不断向四周喷溅出金色的光芒，一条橙黄色的长尾拖在其后……这样的火流星可能也正是电离层或辐射带中的等离子体形成一个复合单元并达到复合条件后的复合过程。这个过程也是一种辐射复合，所以会"喷溅出金色的光芒"。

在一年当中，主要的流星群大都集中在 7 月份以后出现。据资料统计，在北半球每年 4 月偶现流星最少，9 月最多。

每天后半夜看到的流星数目比前半夜多，后半年的流星数比前半年多。

为什么主要流星群都集中在 7 月份以后出现，且北半球每年 4 月偶现流星最少，9 月最多呢？因为 7 月份以后是北半球受太阳辐射最强烈的时期，电离层中的等离子体密度升高，发生复合的概率也增加。4 月份是太阳向北回归线运动、北半球电离层电场强度持续上升的时期，此时电离层等离子体发生复合的概率较低，故偶现流星最少。而 9 月份则是太阳向南回归线运动的时期，北半球电离层电场逐渐减弱，等离子体复合概率上升，故 9 月份偶现流星最多。下半夜比上半夜流星多，同样是由于下半夜电离层电场由于辐射而减弱后，有更多的等离子体团块发生了复合而形成流星。

当电离层或辐射带中的等离子体含有较多的碳离子、氮离子、氢离子、氧离子时，就会复合为某种有机物或类似有机物的物体，这种复合过程通常也会以"流星"的形式表现出来。流星产生的这类物体通常被称为"凝胶体""天雨肉""雨血"等。有大量资料记载了这类现象。

自从历史上有文字记载以来，其基本现象一直是相同的。人们看到一颗流

星落在附近，经调查研究，发现在相近的地方有一团像胶体一样的东西。

1844 年 10 月 8 日，在德国科布伦茨附近，天黑后，有两个德国人在犁过的一片干旱田地里漫步，他们突然看到一个发光物体径直地降落在离他们不到 20 米处，并清楚地听到它撞击地面的声音。他们把现场做了记号，第二天一大早，发现一个非常粘黏的灰色凝胶物，用柴棍拨弄它时就整个颤动。

当电离层或辐射带中由于某种原因而聚集了大量硫离子（如火山爆发喷出硫离子等）并发生复合时，就会形成"硫黄雨""火硫星"、酸雨等。1873 年 6 月 17 日，匈牙利和奥地利报道了一次奇特的自然现象。据完全可靠的消息说，在席坦及其邻近地区上空，一颗流星爆破之后不久，一颗像拳头大小燃烧着的硫熔体坠落在莱金堡以南约 6 千米的一个名叫普劳斯奇伟兹村庄的道路上，那颗流星几乎就在该村的天空爆炸。燃烧的硫熔体被一群村民扑灭了。

1867 年 10 月 18 日，休莱地区的居民在夜里目睹了一次非常稀奇的现象——"火阵雨"。这场火雨下了大约 10 分钟就停止了，火雨不断地降落时发出一种亮光。第二天早上，发现在村里的一些水坑和水桶里浮盖上一层厚厚的硫的沉积物。

同样，当电离层和辐射带中由于诸如海水蒸发而使钠离子进入大气层等原因而聚集了大量钠离子时，还可能会下"盐暴"。如 1815 年袭击马萨诸塞州海岸的那次"盐暴雨"，据当地老百姓描述，那天刮起大风，大雨滂沱，在周围 1 千米多的范围之内，房屋和所有东西都蒙上了一层盐。

由此可知，史书上大量记载的"流星""陨石""陨石雨"，基本上都属于这种"电离层或辐射带等离子体复合"事件。

宇宙有界限吗

宇宙是有边的还是无边的，现在的说法很多。随着天文学的不断发展，人类对宇宙的了解不断深化，可观测的宇宙在不断地逐渐扩大，现在望远镜观测到的离我们最远的类星体已近 200 亿光年之远。而且这一记录还将不断被打破。

有些天文学家估计宇宙的90%以上的物质都是用望远镜看不见的暗物质。他们认为，中微子是重要的暗物质"候选者"。科学家先后通过实验发现中微子可能是有质量的。如果这一结论最终被证实是正确的，那它将给宇宙带来很大的影响。因为中微子如果是有质量的，那么宇宙就是有限的，宇宙在遥远的未来就会由膨胀转变为收缩。

宇宙的大小是建立在"大爆炸宇宙论"的基础上的，宇宙是由一团物质爆炸而产生，物质炸开后，碎片向四周扩散，膨胀再膨胀，在这个膨胀过程中形成了许多星云、星系以及其他的一些星体，于是形成了我们所在的这个宇宙。当宇宙膨胀到一定时候，就开始收缩，又回到爆炸前的状态，这些物质就这样不断的聚拢又分开，重复着大爆炸和大坍聚，永无止境，科学家称之为"振荡宇宙"。

现在普遍认为，宇宙是有限而无边的三维空间，我们可以在宇宙中运动，但永远不会找到宇宙的边界，更不可能离开自己的宇宙，而且我们的宇宙仅仅是许多宇宙中的一个，在我们的宇宙边界之外还有许多我们看不到的其他膨胀着的宇宙。

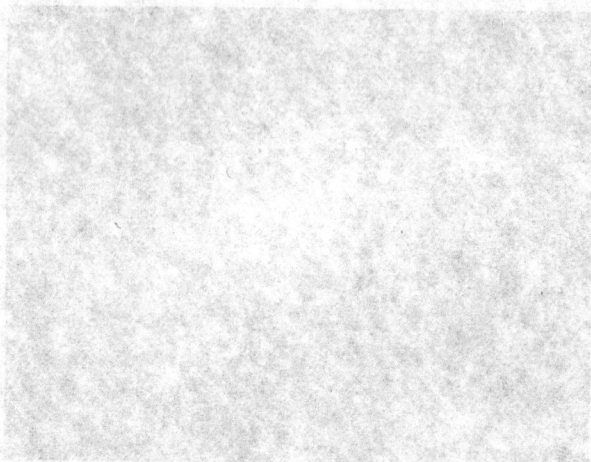

会发生天体间的大碰撞吗

21世纪科学家计算表明，宇宙大碰撞的时间要比预先计算的提前。

如果银河系将提前发生大碰撞，人类将会怎样呢？

天文学家已经发现银河系正在与它的邻居仙女旋涡星系相互靠近，而最新计算发现它们的碰撞时间要比预先计算的更早，它们的首次碰撞将提前在20亿年后。

碰撞发生时我们的太阳和我们的地球会怎样呢？

美国哈佛·史密森天体物理中心计算显示，太阳和我们地球等行星将有可能飞出银河系进入仙女座的外缘。而且，这种碰撞将发生在太阳系"死亡"之前。

计算机模拟显示，银河系和仙女星系的首次碰撞将发生在不到20亿年后，比原来计算的时间早了数10亿年。人类在地球上可以看到夜空中的巨大变化，仙女星系的巨大引力将星球拉离原来的轨道，原来狭长的银河系将被拉扯得一片混乱。

那个时候，太阳仍然是一颗燃烧氢的主序星，它将变得更加明亮和灼热，足以将地球上的海水煮沸。

大约50亿年后，仙女星系和银河系将完全合并成一个球形的椭圆星系。那时候太阳已经接近红巨星阶段，生命也已经走到了尽头。包括地球在内的几大行星，那时距离新星系中心的距离大约是10万光年，大约是现在距离的4倍。

那时候人类可能仍然存在，他们将看到一个与现在完全不同的天空景象——狭长的银河系将会消失，取而代之的是一个由数10亿颗星球组成的巨大隆起。

也许，未来的科学家可能会回想起这次预测的。

未来的宇宙

因为能量的走势始终是向着递增，也就是混乱度增加的方向流动的。说通俗一点，就是说能量始终是朝向平均分配的方向流动的。一杯热水放在比较冷的环境中，过一段时间就和周围环境的温度一样了，就是这样一个过程。这是以前一个科学家发现的，但是他当时并没有意识到这个发现其实宣布了宇宙的命运：所有恒星的能量必将最终平均分配到宇宙中，而宇宙是这样的巨大，所以能增加的平均温度几乎微乎其微。最后宇宙将以极低的温度存在很长一段时间，没有恒星存在。

然后，宇宙将进入塌缩期，即宇宙大爆炸的相反。最终恢复到宇宙大爆炸初期。在这个塌缩的过程中，能量重新积聚，宇宙温度迅速提高到极大，所有物质融化，甚至连质子和中子也不复存在，据说将会融化到夸克级别。

第二章

银河系大探秘

银河系是宇宙中的一个系统，是对太阳系所处的恒星系统的总称。银河外星系简称河外星系，是对宇宙中的其他恒星系统的称呼。无论是银河系还是河外星系，都只是宇宙中的一个小小的组成部分，也是我们未来的探索方向。

6

神秘的银河系

对银河系年龄的猜想

　　长期以来，天文界对银河系的年龄说法不一。有的认为只有 70 亿岁，有的认为有 200 亿岁。1983 年，美国教授纳斯·詹姆士和彼雷·迪马库，使用一种新的测量技术对银河系的年龄进行了反复的计算，结果最后测定银河系的年龄接近 120 亿岁。发明宇宙天文钟的荷兰天文学家经测量认为，1990 年宇宙年龄的上限为 120 亿年。

银河系的外形结构

　　很久以来，天文学家一直认为银河系是一个旋涡星系。但 1991 年，美国科学家认为银河系是棒旋星系，为此提出了种种线索。例如，银河系核心附近的星际云的不规则运动是以一个棒为中心的。

　　对银河系核心附近的恒星的近红外光观测，为棒状结构的发现提供了直接证据。棒略微倾斜，它的东端向南倾斜穿出银道面，如它在天空中的大角厚度所揭示的那样，那部分离地球也比较近。经贝尔实验室的科学家计算，证明棒的重力将使附近的大质量星际气体云迅速地旋进核心，其结果很可能是激烈的中心恒星爆发。在爆发中，大量的非常亮的大质量恒星形成。

银河系边缘的分子云

1982年美国科学家发现，在银河系外缘部有新的分子云。太阳系距离银河系中心大约3万光年。新近发现的分子云位于太阳系外侧3万～5万光年处，其主要成分是氢和一氧化碳，分子云的范围大约为3万光年。

中子星的爆发与消亡

1996年，美国天文学家在靠近银河系中心的位置发现了一个天体。该天体被认为是一颗正在消亡的"中子星"。这是X射线天文学35年来的首次发现，引起了科学家们极大的兴趣，他们争先恐后地投入研究，以赶在该星体消亡前获得尽可能多的数据。

该星体的直径仅16千米，但却有巨大的质量——相当于太阳的质量；有巨大的重力场——相当于地球的1亿倍。该星体的密度极高，仅一手指尖大小的物质就有1亿吨。该星体从一个比它更大的伴星上吸取气体，获得能量，其抽取气体的力量之大可把气体加温至1亿摄氏度，并由此引发每半秒钟一次的X射线长时间的爆发。该星体的独特之处还在于在X射线波长上同时具有脉冲和爆发两种现象，还存在X射线长爆发现象，一天达20余次。有的科学家说该发现"是一个奇迹之巅的奇迹"。

新星的诞生过程

1989年，日本科学家在世界上首次记录了一颗银河系新星的诞生过程。他们借助微波干涉仪完成了系列摄影，根据这些相片可以观察到作为一颗新星形成过程的初始阶段怎样向银河中部的一个点集中。研究已确定，即将从中产生恒星的气体星云直径总计为一光年；气体围绕"云雾"中心旋转的速度，边缘

为1秒钟1千米，靠近中心为1秒钟3千米。

银河系中心存在巨大黑洞

天文学中"黑洞"是指演变到最后阶段的恒星，是由中子星进一步收缩而形成的。黑洞有巨大的引力场，使它所发射的任务电磁波都无法向外传播，从而变成看不见的孤立天体。我们只能通过引力作用来确定它的存在，所以叫做"黑洞"，也叫"坍缩星"。

由于银河中心释放出X射线和电波，所以科学界认为银河中心存在着黑洞。但是，多年来科学界一直未找到证明黑洞确实存在的证据。

在1997年8月于日本京都市举行的第23届国际天文学联系总会上，美国及德国的两个科研小组同时报告：在银河系中心的确存在巨大的黑洞，他们的研究已找到了这种证据。两个小组的研究均得出几乎相同的结果，足可使银河系中心存在巨大黑洞成为定论。

找到这种证据的是德国麦克斯普兰克研究所的研究小组，另一个是美国加利福尼亚大学的研究小组。

德国的研究小组在以往的6年间，利用智利的3.5米口径望远镜，对处于天马星座银河系中心附近的星体活动进行了详细观测。发现在从银河中心到光行进一周时间的距离内的星体正以每秒约两千米的迅猛速度绕银河中心周围旋转。从这一速度计算得出，星体旋转轨道内侧的质量约为太阳质量的250万倍。将如此巨大的质量集中于如此狭小的范围内，除了黑洞没有其他可能。

加利福尼亚大学研究小组开始观测的时间比德国的研究小组晚。他们用口径 10 米的望远镜，通过两年的猛追细察，准确地掌握了银河系中心附近近百个星体的运动速度。以这些速度计算出的中心质量与德国研究小组的基本相同，大约也是太阳质量的 250 万倍。

德国和美国的科研小组在不同的地方、利用不同的器械分别进行观测得到了相同的结论，这可以证明黑洞确实存在。

银河系的"旋臂"

地球上的人类认识银河系其实是比较困难的，为什么呢？借用一句苏轼的诗来说就是"难识银河真面目，只缘身在此河中"。因为我们自己在银河系里，所以认识银河系是很困难的。例如，我自己是一个智能的红细胞，我在身体里可以随着血液去循环，我作为智能的红细胞，可以认识人身体中的器官。但是，这个人的外貌是什么样，我说不出来，因为我在人的身体里，只是一个红细胞而已。人类现在认识银河系的困难也在这里，我们自己在里面，不知道它是什么形状。我们看到的河外星系，即其他的星系，也是旋涡状的，那么我们就可以来反推自己的银河系也是一个旋涡状的星系。那么银河系有多大呢？银河的直径大概是 10 万光年。太阳距离银河系的中心是 27 000 光年。银河系的主要结构是核心，叫做银心，银心以外是银盘，也就是刚才我们说的盘面的结构。银盘的直径是 10 万光年。银盘的外围叫银晕。

此外，银河系是有旋臂的。什么叫旋臂？银河系的盘的结构不是像铁饼那么一个板块，而是旋涡结构。如果我们自己在银河系里要想看到旋臂的话，那是非常困难的。大家在晚上都看到过银河，把看到的银河想象成一个恒星系统

已经是比较困难了，如果还想在银河里找到旋臂的话，那就更困难了。为什么呢？因为我们的银河系里还有看不见的暗的物质，它挡住了光，所以看不见。这时候要想认识后面的星，就很困难。但是这难不住天文学家。有很多聪明的天文学家，他们看到在别的星系里，也有这样的旋涡星系。那么旋涡星系的旋臂上是一些什么星呢？是一些蓝颜色的很热的星，而这些星只在旋臂上出现。这样天文学家就受到启发，他们观测银河系里那些温度特别高的星，就是发蓝、发白的星。观测的结果就是找到了旋臂。但是，人们找到旋臂已经是 1951 年以后了，所以认识银河系其实是在 20 世纪才有了比较大的进展。

银河系"旋臂"产生的原因

20 世纪 50 年代出现了射电天文学，射电天文学就是用无线电望远镜来接收来自天体的无线电波。接收了无线电波，就可以分析天体的情况了。往银河系的旋臂上，发射一种特别的无线电波，波长是 21 厘米。如果有一个射电望远镜，能观测 21 厘米的波段的话，就能解开银河系旋臂之谜。经过了天文学家的观测，证实光学的观测是对的。于是人们认识到，银河系其实和别的旋涡星系一样有旋臂。在 20 世纪 20 年代，科学家还观测了很多旋涡星系。这个时候就提出了两个问题：第一个问题，这些旋涡星系是在银河系里，还是在银河系之外？第二个问题，我们观测到的这些旋涡星系基本上都不在银河附近，而是在离银河比较远的地方，这是为什么？天文学家沙普利解释说，这些星云其实都在银河系里。但是，美国天文学家柯蒂斯不这么认为，他认为这些旋涡星系一定是离银河系比较远的，于是他就重点观测了仙女星系。当时柯蒂斯估计，仙女星系有 50 万光年，而银河系大小是 10 万光年左右，因此 50 万光年肯定在银河系之外了。但是沙普利不同意，这一场辩论，在天文学上叫做"伟大的辩论"。为什么叫"伟大的辩论"呢？太阳不是银河系的中心，而银河系在众多的星系里，也是一个很普通的旋涡星系。所以这样一个结果意味着不但太阳不是银河系的中心，而且银河系也绝不是宇宙的中心。这样大家就明白了，其实我们生存在一个很大的恒星系统里，这个恒星系统叫做银河系。但是这个银河系其实在宇宙中还是一个很普通的星系。

那么银河系这个旋涡星系为什么会有旋臂？有一种理论认为，在银河系里有一种密度波，而旋臂就生存在密度波密集的时候，即密集的波传到旋臂的时候，就形成了恒星密集的旋臂。实际上太阳有时候就在旋臂里，有时候又出去了。那么有没有观测证据呢？是什么样的观测证据呢？我们知道太阳系中有 8 大行星，那么 8 大行星中间的空隙里是什么？我们过去认为是行星际物质。当太阳在银河系的旋臂里穿梭的时候，银河系旋臂里的那些物质就会进入到太阳系。因此我们在太阳系里发现很多不是太阳系的物质，即行星际的物质。太阳在旋臂里有时候穿进去，有时候穿出来，这个就叫做密度波理论。

密度波理论可以很好地回答为什么会形成旋臂。但是旋臂还有一件非常有意思的事情——旋臂是银河系里新恒星诞生的摇篮。每年，银河系都会有新的恒星生成，不断地有新的生成、老的死去。每 100 年至少会有一颗星老化，但是新生的星每年就会有 10 颗左右。那么这样一些新生的星出现在什么地方呢？就出现在银河的旋臂上。为什么呢？因为密度波走到旋臂的时候，它压缩星系的物质，使得恒星的形成成为可能。

牛郎和织女

牛郎织女的故事是我国最有名的一个民间传说，是我国人民最早关于星的故事之一。南北朝时期写成的《荆楚岁时记》里有这么一段："天河之东，有织女，天帝之子也。年年织杼役，织成云锦天衣。天帝怜其独处，许嫁河西牵牛郎。嫁后遂废织红。天帝怒，责令归河东。唯每年七月七日夜，渡河一会。"

传说天上有个织女星，还有一个牵牛星。织女和牵牛情投意合，心心相印。可是，天条律令是不允许男欢女爱、私自相恋的。织女是王母的孙女，王母便将牵牛贬下凡尘，令织女不停地织云锦以作惩罚。

织女的工作，便是用一种神奇的丝在织布机上织出层层叠叠的美丽云彩，随着时间和季节的不同而变幻它们的颜色，这是"天衣"。自从牵牛被贬之后，织女常常以泪洗面，愁眉不展地思念牵牛。她坐在织机旁不停地织着美丽的云锦以期博得王母大发慈心，让牵牛早日返回天界。

话说牵牛被贬之后，投生在一个农民家中，取名叫牛郎。后来父母去世，他便跟着哥嫂度日。哥嫂待牛郎非常刻薄，要与他分家，只给了他一头老牛和一辆破车，把其他的都独占了。

从此，牛郎和老牛相依为命，他们在荒地上披荆斩棘，耕田种地，盖造房屋。一两年后，他们营造成一个小小的家。其实，那条老牛原是天上的金牛星。

这一天，老牛突然开口说话了，它对牛郎说："牛郎，今天你去碧莲池，那儿有仙女在洗澡，你把那件红色的仙衣藏起来，穿红仙衣的仙女就会成为你的妻子。"牛郎听了老牛的话，便悄悄躲在碧莲池旁的芦苇里，拿走了红色的仙衣。

穿红色仙衣的正是织女。织女看到牛郎，才知道他便是自己日思夜想的牵牛。织女便做了牛郎的妻子，并与他生儿育女。

王母知道这件事后，勃然大怒，马上派遣天神捉织女回天庭问罪。

天空狂风大作，天兵天将从天而降，押解着织女便飞上了天空。正飞着，织女听到了牛郎呼叫她的声音："织女，等等我！"织女回头一看，只见牛郎用一对箩筐挑着两个儿女，披着牛皮赶来了。慢慢地，牛郎和织女就要相逢了。就在这时，王母驾着祥云赶来，她拔下头上的金簪，往他们中间一划，刹那间，一条天河波涛滚滚地横在了织女和牛郎之间，无法横越了。

后来，王母被牛郎和织女的坚贞爱情所感动，便同意让牛郎和孩子们留在天上，每年七月七日，让他们相会一次。

从此，牛郎和他的儿女就住在了天上，隔着一条天河，和织女遥遥相望。

牛郎织女相会的七月七日，成群的喜鹊飞来为他们搭桥。鹊桥之上，牛郎织女团聚了！

神话毕竟是神话，牛郎与织女要在一夜之间相会是不可能的。牛郎星和织女星都是离我们非常遥远的恒星。在天文学上，测量恒星之间的距离，大多用"光年"来计算。光年就是每秒钟走30万千米的太阳光在1年里所走的距离。牛郎星离我们有16光年，织女星离我们有27光年，它们都比太阳还要巨大，只因为它们离我们十分遥远，所以看上去只是小小的光点。

恒星的"恒"字，是和行星的"行"字相对而言的。实际上，宇宙中没有一个星是绝对地"恒"，每个星都在动，只是动多动少而已。牛郎星每年在天球上移动0.658角秒，此外，每秒钟还以26千米（93 600千米/小时）的速度离开我们往外跑。所以，牛郎星在空间的速度比地上最快的客机还快几十倍。

织女星动得慢一点，它每年在天球上移动 0.345 角秒，以 14 千米/秒的速度离开我们往外跑。

牛郎星和织女星都比太阳大得多、亮得多。为什么我们看起来只是两小点的光呢？那是因为这两个恒星比太阳离我们远得多。牛郎星的光度为太阳的 10.5 倍，直径大 0.7 倍，质量差不多大 0.7 倍。织女星的光度等于太阳的 60 倍，直径等于太阳的 2.76 倍，质量差不多等于太阳的 3 倍。所以，织女星比牛郎星大，比牛郎星亮，比牛郎星重，算来还是牛郎星的大姐姐。牛郎星离我们的距离为 154 万亿千米，比太阳远 100 万倍；织女星离我们的距离为 250 万亿千米，比太阳远 170 万倍。织女星不仅比牛郎星大好些、亮好些，而且又远好些，所以我们看起来两个星差不多一样亮。光从牛郎星来到我们的眼里，需要 16 年 4 个月；光从织女星来，需要 26 年 5 个月。牛郎和织女两星不是在同一方向，两星之间的距离是 16.4 光年。无线电波的速度和光一样，假使牛郎想打一个无线电话给织女，得等 32 年才有收到回电的可能。

人类在欣赏它们灿烂光辉的时候，竟幻想出一个哀艳动人的故事来。

银河系到底有多大

夏夜的晴空，银河高悬，像一条天上的河流，故此有"天河""河汉"之称。西方人称它为"牛奶路"。在中国境内，可以看到银河自天蝎座起，经人马座特别明亮的部分，到盾牌座而止。

银河那烟霭茫茫的景象引起诗人无穷的遐想，但是天文学家却一直难见其庐山真面目。17 世纪，伽利略首先用望远镜观察银河。他发现，这是一个恒星密集的区域。后来英国人赖特提出了银河系的猜想，并具体描绘出了银河系的形状。

他假定，银河系像个"透镜"，连同太阳系在内的众星位于其中。

18 世纪，英国天文学家赫歇尔父子对赖特的猜想进行了验证。他们发现银河系中心处恒星很多，而离中心越远恒星越少。他们的观测表明，银河系确是一个恒星体系，并且其范围是有限的，太阳靠近银河系中心。他们估计，银河系中有 3 亿颗恒星，其直径为 8000 光年，厚 1500 光年。

荷兰天文学家卡普亭的观测进一步证实了赫歇尔父子关于银河系形状的观测结果。1906 年，他估计银河系直径为 23 000 光年、厚 6000 光年；1920 年，他测算的银河系直径为 55 000 光年，厚 11 000 光年。这一结果比赫歇尔父子的测算结果大了 400 倍。

1915 年，美国天文学家卡普利研究了许多球状星团的变星，发现太阳并不在银河系中心，而距那里约 5 万光年，并朝向人马座，银河系直径有 30 万光年。

20 世纪 80 年代，人们测得的银河系数据是，质量相当于 2000 亿个太阳的质量，直径为 10 万光年，厚 2000 光年，太阳距银河系中心 2.5 万光年。

银河系的旋涡结构

20 世纪 30 年代，人们开始破解银河系旋涡状结构之谜。到了 20 世纪 40 年代，荷兰科学家赫尔斯特认为冷氢能发出一种射电辐射。可惜当时被德国占领

的荷兰，科研工作陷于停顿，赫尔斯特没能对这一问题做进一步的研究。到1951年，探测这种辐射的工作由美国天文学家尤恩和珀塞尔完成。

这项探测工作非常重要，科学家们在测定氢云的分布和运动的基础上，发现了银河系的螺旋结构，又进而发现许多河外星系也是螺旋结构。

到现在为止，人们已发现银河系有四条对称的旋臂，其中的三条是靠近银心方向的人马座主旋臂、猎户座旋臂和英仙座旋臂。太阳就位于猎户座旋臂的内侧。20世纪70年代，人们通过探测银河系一氧化碳分子的分布，又发现了第4条旋臂，它跨越狐狸座和天鹅座。1916年，两位法国天文学家绘制出这4条旋臂在银河系中的位置，这是迄今最好的银河系旋涡结构图。

为什么银河系会存在旋涡结构呢？通常的观点认为是由于银河系的自转。20世纪20年代，荷兰天文学家奥尔特证明，恒星围绕银心旋转就像行星围绕太阳旋转一样，并且距银心近的恒星运动得快，距银心远的运动得慢。他算出太阳绕银心的公转速度为每秒220千米，绕银心一周要花2.5亿年。

不过，也有持不同观点者。1982年，美国天文学家贾纳斯和艾德勒发现，银河系并没有旋涡结构，而只是一小段一小段的零散旋臂，旋涡只是一种"幻影"。

银河系究竟有没有旋涡结构？是大尺度连续的双臂或四臂结构？还是零散的局部旋臂？这还都需要我们去探索和研究。

银河系存在大型黑洞

  科学家认为，宇宙中每个星系的中央一般都盘踞着一个巨大的黑洞，银河系也不例外。美国天文学家通过观测银河系中心附近三颗恒星的运动，进一步证实了银河系中心附近存在一个大型黑洞。

  黑洞是由一颗或多颗行星坍缩形成的致密天体，引力极强，在它周围被称为"事件视界"的区域里，连光也无法逃逸，因此无法直接观测到。但黑洞周围的物质在被吞噬时，温度会升得极高，释放出大量 X 射线。通过观察这些射线，就能确认黑洞存在。

  科学界普遍认为，银河系中心附近的一个特殊射电源——半人马座 α 可能是一个大型黑洞，它的质量约为太阳的 260 万倍，离地球约 2.6 万光年，尺寸与太阳到火星的距离相当。美国加利福尼亚大学洛杉矶分校的科学家在英国《自然》杂志上报告说，他们找到了表明半人马座 α 射电源是黑洞的新证据。

  从 1995 年起，科学家使用设在夏威夷冒纳凯阿火山上、口径为 10 米的"凯克"望远镜，对该射电源附近的三颗恒星进行了历时 4 年的观测。他们通过短时间曝光降低地球大气湍动造成的图像抖动，从而较为精确地观察恒星位叠的变化。结果发现，这三颗恒星绕该射电源运行的向心加速度很大，表明射电源对它们有极强的引力作用。这意味着，该射电源很有可能是一个巨大的黑洞。

银河系中地球兄弟众多

　　根据科学家对太阳附近其他恒星所发光线的最新一项研究显示，虽然以人类目前的技术还不能发现它们，但在我们的星系中的确存在着几十亿颗类似地球的行星。

　　加拿大天体物理学院的诺曼·穆雷博士称他所研究的恒星中，有一多半都包含一种坚硬的富含铁质的物质。根据这一现象，科学家们完全有理由认为这些恒星周围一定有一些物质在环绕着它们运转，而这些物质的大小可能会和地球差不多。科学家们正使用一切技术对太空中的星进行观测，目前为止除了太阳系以外，在其他恒星周围发现的行星只有 55 个，而这 55 个行星中绝大多数都是体积非常庞大而且运行轨迹不同寻常的星体。天文学家认为要想发现地球般大小的行星必须使用新的技术和下一代的望远镜。但一种间接的统计方法可以表明在我们的星系中实际上存在着很多较小的行星。

　　穆雷博士对 450 多颗和太阳一样进入中年的恒星进行了观测，其中有 20 颗已经进入了老年期。所有这些恒星与地球间的距离都在 325 光年以内，对它们进行分析后发现很多恒星光球中，或是它们的表面，有很多铁质。根据科学家们对太阳系的研究可以得出以下结论：这些铁质很有可能是由于那些围绕该恒星运转的小行星在运转过程中受到重力影响而脱落的。

　　穆雷博士强调说现在还没有直接证据证明这些恒星周围就存在着地球大小的行星，但根据模拟测试，如果在一个星系中存在足够的陆地物质的话，最终肯定是会形成地球般大小的行星。

银河系里还有其他生命吗

人类在探索宇宙奥秘的同时也在不断询问：我们在宇宙中到底是不是独一无二的？别的星球上或邻近的星球上究竟还有没有生命存在？

众所周知，生物进化的过程如此漫长，拿它和恒星演化的时间去对比也没有什么不恰当。天上有的恒星是那么年轻，甚至爪哇猿人曾经是它们诞生的见证人。在这种恒星周围的行星上，目前高级生物还来不及形成，大质量恒星发光发热只有几万年，这对于生物进化来说实在太短暂了。看来合适的对象只有从质量相当于或小于太阳的恒星中去找。

除了百分之几的少数例外，银河系中恒星的发热年代都很长，足以使智慧生物渐渐形成。但尚不清楚的是这些恒星有没有行星围绕着它们转，因为只有在围绕恒星公转的天体上才能具备液态水所需的温度。

可惜天文学家对别的恒星周围的行星还一无所知。因为它们实在太遥远，即使离我们最近的一些恒星确有这种伴侣天体绕它们转，人们也还没有能做到用望远镜直接观测这些微乎其微的对象。

生命离不开液态水。我们想知道，在某行星上是不是已经存在类似人类甚至进化阶段更高的生物。南非德兰士瓦省翁弗瓦赫特的发掘结果告诉我们，早在35亿年前地球上就存在过比较高级的单细胞生物蓝藻，而人们估算的地球年龄只比这个数字大10亿~15亿年。所以我们要搜

索的对象星周围应该具备这样的条件，使原始生物至少有40亿年之久能稳定地向较高级生物进化。

科学家研究发现，生物所在的行星与恒星的距离与生物的产生有关。可是，行星与各自恒星的距离是否合适呢？一个行星至少应该满足的条件是它与所属恒星的距离使得辐射在它表面造成液态水所需的温度。

在太阳系中，水星极靠近太阳，而离太阳比火星更远的所有外行星则受阳光照射太弱，不够温暖。别的恒星周围的行星我们始终还没有见到，怎样才能知道它们之中有多少已经具备了距离恒星恰到好处的条件呢？地球无疑处在太阳系生命带内部，火星和金星靠近此带边缘。科学家发现金星表面温度超过450℃，经过取土分析并没发现生物细胞的任何迹象。

一个行星必须同时满足许多条件才能栖息生物，天体具备适于生物生存的气候是多么稀罕。除了有液态水，适宜的气候也是生命产生的一个重要因素。科学家指出，只要把我们对太阳的距离缩短5%，地球上的生物就会因热不可耐而不能生存。这段距离只要加长1%，地球就要被冰川覆盖。我们所居住的行星的伸缩余地是不大的，因此，外部条件合适、使生物能进化到较高级阶段的行星，在银河系中最多只有100万个。

科学家还发现，除了少数例外，整个宇宙中化学元素的分布大体上是相同的，银河系中离我们最遥远的恒星，甚至别的星系中的恒星，它们的化学组成和太阳一样，大多由氢、氧和其他的化学元素组成。

因此，科学家认为，即使是在一个遥远的但气候适宜的行星上，也能找到构成一切有机分子所需的各种物质。然而，从这类简单有机化合物向那些构成生命基础的复杂分子演变，是一条漫长的道路。凡是可能孕育生命的场所，生物实际上都已出现，那么银河系中可能有着100万个居住生物的行星，这些生物也许各自都已演变了40亿年，只不过它们理应处在各自不尽相同的进化阶段罢了，甚至有些行星上的生物已达到智能生物阶段了。

银河系到底有没有其他生物存在？迄今为止，还是一个谜。

第三章

河外星系大探秘

浩瀚的宇宙中，除了人类身处的银河系外，还有许多其他的星系。对于这些星系，我们统一将其称为河外星系。河外星系距离我们非常遥远，以人类当前的科技手段无法详细地观测到，因此其中充满了未知的谜题。

银河外的星系

在广袤无垠、浩瀚辽阔的宇宙海洋中，肉眼所见的天体，绝大多数是银河系的成员，那么，银河系就是通常所说的宇宙吗？远远不是！在宇宙中存在着数以亿计的星系，我们的银河系只是一个普通的星系，银河系以外的星系称为河外星系，简称星系，因此，银河系并不是宇宙，它只是宇宙海洋中的一个小岛，是无限宇宙中的很小的一部分。

据天文学家估计，在银河系以外约有上千亿个河外星系，每个星系都由数万乃至数千万颗恒星组成。河外星系有的是两个结成一对，多的则几百以至几千个星系聚成一团。现在观测到的星系团已有一万多个，最远的星系团距离银河系约 70 亿光年。

河外星系的外形和结构多种多样。1926 年，哈勃按星系的形态，把星系分为椭圆星系、旋涡星系和不规则星系三大类。后来又细分为椭圆、透镜、旋涡、棒旋和不规则星系五个类型。各类星系中，距离银河系较近的星系有麦哲伦云星系和仙女座星系。

麦哲伦云星系包括大麦哲伦云和小麦哲伦云两个星系，它们是银河系的两个伴星系，也是离银河系最近的星系，距离银河系为 16 万

光年和 19 万光年。它们在北纬 20°以南地区升出地平面，是南天银河附近两个肉眼清晰可见的云雾状天体。大麦哲伦云星系在剑鱼座和山案座，张角约 6°，相当于 12 个月球视直径，小麦哲伦云星系在杜鹃座，张角约 2°，相当于 4 个月球视直径。两个星系在天球上相距约 20.5 万光年。

关于河外星系的发现过程可以追溯到两百多年前。初冬的夜晚，熟悉星空的人可以在仙女座内用肉眼找到它——一个模糊的斑点，俗称仙女座大星云。从 1885 年起，人们就在仙女座大星云里陆陆续续地发现了许多新星，从而推断出仙女座星云不是一团通常的、被动地反射光线的尘埃气体云，而一定是由许许多多恒星构成的系统，而且恒星的数目一定极大，这样才有可能在它们中间出现那么多的新星。假设这些新星最亮时候的亮度和在银河系中找到的其他新星的亮度是一样的，那么就可以大致推断出仙女座大星云离我们十分遥远，远远超出了我们已知的银河系的范围。但是由于用新星来测定的距离并不很可靠，因此也引起了争议。直到 1924 年，美国天文学家哈勃用当时世界上最大的 2.4 米口径的望远镜在仙女座大星云的边缘找到了被称为"量天尺"的造父变星，利用造父变星的光变周期和光度的对应关系才定出仙女座星云的准确距离，证明它确实是在银河系之外，也像银河系一样，是一个巨大、独立的恒星集团。因此，仙女星云应改称为仙女星系。

河外星系之麦哲伦云星系

　　麦哲伦云星系是由阿拉伯人和葡萄牙人首先发现的。1521 年，葡萄牙著名航海家麦哲伦在环球航行时，第一次对它们作了精确描述，后来就以他的名字命名。1912 年，美国天文学家勒维特发现小麦哲伦云星系的造父变星的周光关系，赫茨普龙和沙普利随即测定了小麦哲伦云星系的距离，成为最早确定的河外星系。两星云之间虽存在着微弱的联系，但它们成自一个系统。大麦哲伦云星系从前离我们可能更近一些，大约在五亿年前，它也许恰好挨着我们的银河系，距离银心只有 6.5 万光年。小麦哲伦云星系中一个恒星形成区域的中心，刚刚形成的明亮蓝色恒星驱散了那里的气体尘埃，在星云中吹出了一个巨大的空洞。

　　大麦哲伦云星系属棒旋星系或不规则星系，质量为银河星系的 1/20。小麦哲伦云星系属不规则星系或不规则棒旋星系，质量只及银河系的 1/100。麦哲伦云星系中的气体含量丰富，中性氢质量分别占它们总质量的 9% 和 32%，都比银河系大得多。但它们的星际尘埃含量却比银河系少，而年轻的星族 I 的天体则很多，有大量的高光度 O-B 型星；此外，还观测到新星、超新星遗迹，X线双星等天体。射电资料表明，大小麦哲伦云星系有一个共同的氢云包层；两云星系之间的中性氢纤维状结构，一直伸展到南银极天区，横跨半个天球，称为麦哲伦气流。它们和银河系有物理联系，三者构成一个三重星系。

　　由于麦哲伦云星系距离我们太遥远，对它们的范围现在还没有一个精确的数字。估计大麦哲伦云星系的直径可能达到 4 万光年，接近银河系的一半。麦哲伦云星系的恒星分布密度比银河系低得多。大麦哲伦云星系的恒星总数可能不超过50 亿~100 亿个，小麦哲伦云星系则只 10 亿~20 亿个。两星系的恒星数量加在一起，只及银河系的 1/10。因此，有人把它们说成是银河系的两个卫星。

河外星系之仙女星系

　　仙女星系，又称仙女座大星云。它用肉眼可以看见，亮度为4度，看上去像是一颗暗弱、模糊的星系。仙女座星系是位于仙女星座的巨型旋涡星系，天球坐标是赤经0400，赤纬+41°00′（1950.0）。视星等M为3.5等，肉眼看去状如暗弱的椭圆小光斑。在照片上呈现为倾角77°的sb型星系，大小是160′×40′，从亮核伸展出两条细而紧的旋臂，范围可达245′×75′。1786年确认为银河系之外的恒星系统。现在测定它的距离为220万光年（670千秒差距）。直径是16万光年（50秒差距），为银河系的一倍，是本星系群中最大的一个。近年来发现，仙女座星系成员的重元素含量从外围向中心逐渐增加。1914年探知它有自转运动。据目前估计，仙女星系的质量不小于$3.1×10^{11}$M，相对太阳质量，是本星系群中质量最大的一个。

　　仙女星系中心有一个类星核心，绝对星等$M=-11$，直径只有25光年（8秒差距），质量相当于107个太阳，即一立方秒差距内聚集1500个恒星。类星核心的红外辐射很强，约等于银河系整个核心区的辐射。但那里的射电却只有银河射电的1/20。仙女星系有两个矮伴星系——NGC221（M 32）和NGC205，按形态分类分别为E2和E5。在本星系群中，仙女星系还和其他星系构成所谓仙女星系次群。

　　旋涡星系又叫旋涡星云，是旋涡形状的河外星系。旋涡星系的中心区为透镜状，周围围绕着扁平的圆盘。从隆起的核心球网端延伸出若干条螺线状旋臂，跌回在星系盘上。旋涡星系可以分正常旋涡星系和棒旋星系两种。按哈勃分类，正常旋涡星系又分为a、b、c三种次型：S型中心区大，稀疏地分布着紧卷旋

臂；S型中心区较小，旋臂较大并较伸展；S型中心区为小亮核，旋臂大而松弛。除了旋臂上集聚高光度O、B型星和超巨星、电离氢区外，同时还有大量的尘埃和气体分布在星盘上，从侧面看去，在主平面上呈现为一条窄的尘埃带，有明显的消光现象。旋涡星系通常有一个笼罩整体的、结构稀疏的晕，叫做星系晕。其中主要的星族Ⅱ天体，其典型代表是球状星团。一个中等质量的旋涡星系往往有100~300个球星团，不均匀地散布在星系盘周围空间。再往外，可能还有更稀疏的气体球，称为星系冕。旋涡星系向质量（M）为109~1011个太阳质量，对应的光度是绝对星等-15~-20等。

　　仙女星系是距离我们银河系最近的大星系。一般认为银河系的外观与仙女星系十分很像，两者共同主宰着本星系群。仙女星系弥漫的光线是由数千亿颗恒星成员共同贡献而成的。几颗围绕在仙女座大星系影像旁的亮星，其实是我们银河系里的星星，比起背景物体要近得多了。仙女星系又名为M31，因为它是著名的梅西耶星团星云表中的第31号弥漫天体。M31的距离相当远，从它那儿发出的光需要200万年的时间才能到达地球。星云中的恒星可以划分成约20个群落，这意味着它们可能来自仙女座星系"吞噬"的较小星系。

第四章

宇宙知识普及

我们处在一个科学发达的时代，我们对身处的宇宙有了一些最基本的认识。虽然这些认识不完善，而且值得怀疑，但却是人类助继续认识宇宙的基石。了解这些知识，不仅仅能够增加我们的知识，也能够帮助我们转变思考的角度。

天　体

什么是天体？辞书是这样解释的：天体是宇宙间各种物质客体的统称。包括太阳、地球、月亮和其他恒星、卫星、彗星、流星、宇宙尘埃等。

天体是人们可以看到的。到目前为止，人类目力可及的天体还是少而又少，欲识庐山真面目，我们还要努力。

人们从未放弃发现新天体的努力，从古到今，观测手段越来越先进，但总有目力不及的地方。人类的技术能力总是落后于认识能力，只能脚踏实地，一步一步来。

据国外媒体报道，有关"大爆炸"之后出现的最初物体的最新证据开始让科学家们展开了热烈讨论，它们到底会是什么。研究人员称，充当最初的宇宙"焰火"角色的可能是恒星或是类星体，但是还不确定到底是哪一种。

利用美国国家航空航天局斯皮策太空望远镜，研究人员分析了来自太空深处的红外线辐射。他们首先将前景中新生星系的明亮图像去除掉，以便发现古老的背景光芒。这些研究人员在红外线背景辐射中发现了一些色块，他们相信这些色块来自于"大爆炸"后的最初物体。卡什林斯基博士说："观测这些宇宙红外线背景辐射就像是在一个明亮的城市中欣赏远处的焰火。"研究人员说他们将把早期恒星发射出的光线分离出来。同时，他们也指出，发出光芒的早期物体也可能是一些类星体——大型黑洞，它们消耗掉大量的气体与碎片并重新以强烈的能量爆发形式喷发出物质。

卡什林斯基博士称，"我们无法说明'火焰'中的每一个火花，我们只能够看到大型的结构和它们的光芒。"澳大利亚国立大学的天体物理学家米歇尔·

贝塞尔教授指出，这是因为他们缺乏具有足够分辨率的仪器。他指出，科学家们已经证实我们可以看到宇宙最早的恒星形成时期的景象，这是非常令人兴奋的。但是，重要的问题是我们到底在看什么物体。贝塞尔称，"如果遥远的'焰火'是类星体的话，那么这意味着最初的恒星会形成得更早一些。类星体是星系的中心，而星系被认为是在最初的恒星形成的较晚阶段才形成的。"天文学家认为，在宇宙早期，恒星变得非常之大，因为他们包含着更少的金属成分。卡什林斯基博士及其团队称，如果他们看到的是恒星的话，这些恒星必定极其明亮，体积将超过我们太阳的一千倍。

卡什林斯基博士的问题是："最大的恒星能是什么样呢？"找到答案将是十分令人兴奋的事情。贝塞尔指出，下一代的斯皮策太空望远镜或是"平方千米望远镜阵列"将有助于破解这些遥远目标的真相。

宇　宙

宇宙，是我们所在的空间，"宇"字的本义就是指上下四方。地球是我们的家园，而地球仅是太阳系的第三颗行星。而太阳系又仅仅定居于银河系巨大旋臂的一侧，而银河系，在宇宙所有星系中，也许很不起眼……

这一切，组成了我们的宇宙。宇宙，是所有天体共同的家园；宇宙，又是我们所在的空间。"宙"的本意就是指古往今来。因为，我们的宇宙不是从来就有的，它也有着诞生和成长的过程。现代科学发现，我们的宇宙大概形成于200亿年以前。在一次无比壮观的大爆炸中，我们的宇宙诞生了！（这就是著名的"大爆炸"理论。）宇宙一经形成，就在不停地运动着。科学家发现，宇宙正在膨胀着，星体之间的距离越来越大。宇宙的明天会怎样？许多的科学家正为此辛勤工作着。这也许永远是一个谜，一个令人无限神往的谜。

黑　洞

"黑洞"很容易让人望文生义地想象成一个"大黑窟窿"，其实不然。所谓"黑洞"，就是这样一种天体：它的引力场是非常强，就连光也不能逃脱出来。

根据广义相对论，引力场会使时空弯曲。当恒星的体积很大时，它的引力场对时空几乎没什么影响，从恒星表面上某一点发的光可以朝任何方向沿直线射出。而恒星的半径越小，它对周围的时空弯曲作用就越大，朝某些角度发出的光就将沿弯曲空间返回恒星表面。

等恒星的半径小到一特定值（天文学上叫"史瓦西半径"）时，就连垂直表面发射的光都被捕获了。到这时，恒星就变成了黑洞。说它"黑"，是指它就像宇宙中的无底洞，任何物质一旦掉进去，似乎就再不能逃出。实际上真正的黑洞是"隐形"的。

那么，黑洞是怎样形成的呢？其实，跟白矮星和中子星一样，黑洞很可能也是由恒星演化而来的。

当一颗恒星衰老时，它的热核反应已经耗尽了中心的燃料（氢），由中心产生的能量已经不多了。这样，它再也没有足够的力量来承担起外壳巨大的重量。所以在外壳的重压之下，核心开始坍缩，直到最后形成体积小、密度大的星体，重新有能力与压力平衡。

质量小一些的恒星主要演化成白矮星，质量比较大的恒星则有可能形成中子星。而根据科学家的计算，中子星的总质量不能大于 3 倍太阳的质量。如果超过了这个值，那么将再没有什么力能与自身重力相抗衡了，从而引发另一次

大坍缩。

这次，根据科学家的猜想，物质将不可阻挡地向着中心点进军，直至成为一个体积趋于零、密度趋向无限大的"点"。而当它的半径一旦收缩到一定程度（史瓦西半径），正像我们上面介绍的那样，巨大的引力就使得即使光也无法向外射出，从而切断了恒星与外界的一切联系——"黑洞"诞生了。

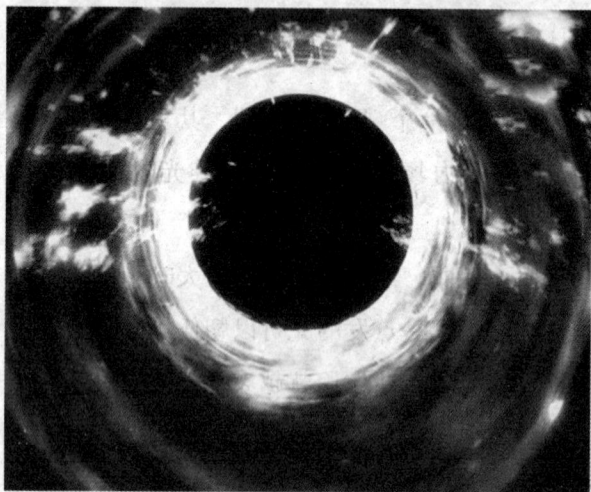

与别的天体相比，黑洞显得太特殊了。例如，黑洞有"隐身术"，人们无法直接观察到它，连科学家都只能对它内部结构提出各种猜想。那么，黑洞是怎么把自己隐藏起来的呢？答案就是——弯曲的空间。我们都知道，光是沿直线传播的，这是一个最基本的常识。可是根据广义相对论，空间会在引力场作用下弯曲。这时候，光虽然仍然沿任意两点间的最短距离传播，但走的已经不是直线，而是曲线。形象地讲，好像光本来是要走直线的，只不过强大的引力把它拉得偏离了原来的方向。

在地球上，由于引力场作用很小，这种弯曲是微乎其微的。而在黑洞周围，空间的这种变形非常大。这样，即使是被黑洞挡着的恒星发出的光，虽然有一部分会落入黑洞中消失，可另一部分光线会通过弯曲的空间绕过黑洞而到达地球。所以，我们可以毫不费力地观察到黑洞背面的星空，就像黑洞不存在一样，这就是黑洞的隐身术。

更有趣的是，有些恒星不仅是朝着地球发出的光能直接到达地球，它朝其他方向发射的光也可能被附近黑洞的强引力折射而能到达地球。这样我们不仅能看见这颗恒星的"脸"，还同时看到它的侧面，甚至后背！

"黑洞"无疑是21世纪最具有挑战性、也最让人激动的天文学说之一。许多科学家正在为揭开它的神秘面纱而辛勤工作着，新的理论也不断地提出。不过，这些当代天体物理学的最新成果不是在这里三言两语能说清楚的。有兴趣的朋友可以去参考专门的论著。

星　云

当我们提到宇宙空间时，我们往往会想到那里是一无所有、黑暗寂静的真空。其实，这不完全对。恒星之间广阔无垠的空间也许是寂静的，但远不是真正的"真空"，而是存在着各种各样的物质。这些物质包括星际气体、尘埃和粒子流等，人们把它们叫做"星际物质"。

星际物质与天体的演化有着密切的联系。观测证实，星际气体主要由氢和氦两种元素构成，这跟恒星的成分是一样的。人们甚至猜想，恒星是由星际气体"凝结"而成的。星际尘埃是一些很小的固态物质，成分包括碳合物、氧化物等。

星际物质在宇宙空间的分布并不均匀。在引力作用下，某些地方的气体和尘埃可能相互吸引而密集起来，形成云雾状。人们形象地把它们叫做"星云"。按照形态，银河系中的星云可以分为弥漫星云、行星状星云等几种。

弥漫星云正如它的名称一样，没有明显的边界，常常呈不规则形状。

75

它们的直径在几十光年左右，密度平均为每立方厘米10～100个原子（事实上这比实验室里得到的真空要低得多）。它们主要分布在银道面附近。比较著名的弥漫星云有猎户座大星云、马头星云等。

行星状星云的样子有点像吐的烟圈，中心是空的，而且往往有一颗很亮的恒星。恒星不断向外抛射物质，形成星云。可见，行星状星云是恒星晚年演化的结果。比较著名的有宝瓶座耳轮状星云和天琴座环状星云。

新　星

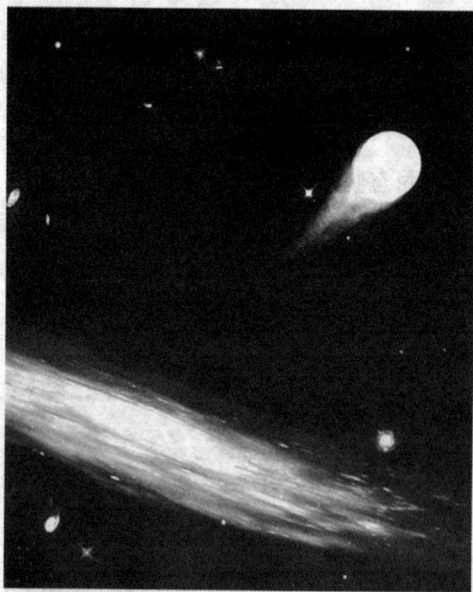

有时候，遥望星空，你可能会惊奇地发现：在某一星区，出现了一颗从来没有见过的明亮星星！然而仅仅过了几个月甚至几天，它又渐渐消失了。

这种"奇特"的星星叫做新星或者超新星。在古代又被称为"客星"，意思是这是一颗"前来做客"的恒星。

新星和超新星是变星中的一个类别。人们看见它们突然出现，曾经一度以为它们是刚刚诞生的恒星，所以取名叫"新星"。其实，它们不但不是新生的星体，相反，而是正走向衰亡的老年恒星。其实，它们就是正在爆发的红巨星。我们曾经不止一次提到，当一颗恒星步入老年，它的中心会向内收缩，而外壳却朝外膨胀，形成一颗红巨星。红巨星是很不稳定的，总有一天它会猛烈地爆发，抛掉身上的外壳，露出藏在中心的白矮星或中子星来。

在大爆炸中，恒星将抛射掉自己大部分的质量，同时释放出巨大的能量。这样，在短短几天内，它的光度有可能将增加几十万倍，这样的星叫"新星"。如果恒星的爆发再猛烈些，它的光度增加甚至能超过1000万倍，这样的恒星叫做"超新星"。

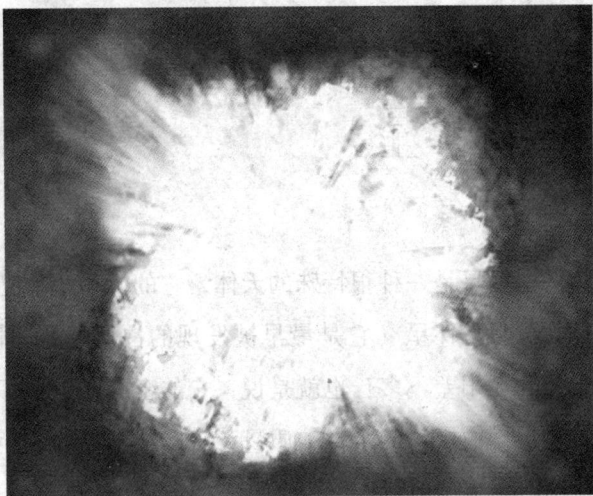

超新星爆发的激烈程度是让人难以置信的。据说它在几天内倾泻的能量，就像一颗青年恒星在几亿年里所辐射的那样多，以至它看上去就像一整个星系那样明亮！

新星或者超新星的爆发是天体演化的重要环节。它是老年恒星辉煌的葬礼，同时又是新生恒星的推动者。超新星的爆发可能会引发附近星云中无数颗恒星的诞生。另一方面，新星和超新星爆发的灰烬，也是形成别的天体的重要材料。比如说，今天我们地球上的许多物质元素就来自那些早已消失的恒星。

白 矮 星

　　白矮星是一种很特殊的天体，它的体积小、亮度低，但质量大、密度极高。比如天狼星伴星（它是最早被发现的白矮星），体积比地球大不了多少，但质量却和太阳差不多！也就是说，它的密度在 1000 万吨/立方米左右。

　　根据白矮星的半径和质量，可以算出它的表面重力等于地球表面的 1000 万到 10 亿倍。在这样高的压力下，任何物体都已不复存在，连原子都被压碎了：电子脱离了原子轨道变为自由电子。

　　白矮星是一种晚期的恒星。根据现代恒星演化理论，白矮星是在红巨星的中心形成的。

　　当红巨星的外部区域迅速膨胀时，氦核受反作用力却强烈向内收缩，被压缩的物质不断变热，最终内核温度将超过一亿℃，于是氦开始聚变成碳。

　　经过几百万年，氦核燃烧殆尽，现在恒星的结构组成已经不那么简单了：外壳仍然是以氢为主的混合物，而在它下面有一个氦层，氦层内部还埋有一个碳球。核反应过程变得更加复杂，中心附近的温度继续上升，最终使碳转变为其他元素。

　　与此同时，红巨星外部开始发生不稳定的脉动振荡：恒星半径时而变大，时而又缩小，稳定的主星序恒星变为极不稳定的巨大火球，火球内部的核反应也越来越趋于不稳定，忽而强烈，忽而微弱。此时的恒星内部核心密度实际上已经增大到每立方厘米 10 吨左右，我们可以说，此时，在红巨星内部，已经诞生了一颗白矮星。

　　白矮星的密度为什么这样大呢？

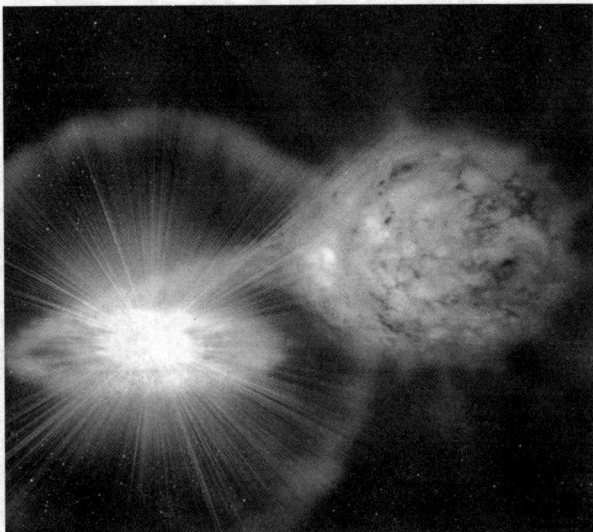

我们知道，原子是由原子核和电子组成的，原子的质量绝大部分集中在原子核上，而原子核的体积很小。比如氢原子的半径为一亿分之一厘米，而氢原子核的半径只有十万亿分之一厘米。假如核的大小像一颗玻璃球，则电子轨道将在两千米以外。

而在巨大的压力之下，电子将脱离原子核，成自由电子。这种自由电子气体将尽可能地占据原子核之间的空隙，从而使单位空间内包含的物质大大增多，大大提高了密度。形象地说，这时原子核是"沉浸于"电子中。

一般把物质的这种状态叫做"简并态"。简并电子气体压力与白矮星强大的重力平衡，维持着白矮星的稳定。顺便提一下，当白矮星质量进一步增大，简并电子气体压力就有可能抵抗不住自身的引力收缩，白矮星还会坍缩成密度更高的天体：中子星或黑洞。

对单星系统而言，由于没有热核反应来提供能量，白矮星在发出光热的同时，也以同样的速度冷却着。经过 100 亿年的漫长岁月，年老的白矮星将渐渐停止辐射而死去。它的躯体变成一个比钻石还硬的巨大晶体——黑矮星而永存。

而对于多星系统，白矮星的演化过程则有可能被改变。

中 子 星

如果你为白矮星的巨大密度而惊叹不已的话，这里还有让你更惊讶的呢！我们将在这里介绍一种密度更大的恒星：中子星。

中子星的密度为 1×10^{11} 千克/立方厘米，也就是每立方厘米的质量竟为一亿吨之巨！对比起白矮星的几十吨每立方厘米，后者似乎又不值一提了。事实上，中子星的质量是如此之大，半径 10 千米的中子星的质量就与太阳的质量相当了。

同白矮星一样，中子星是处于演化后期的恒星，它也是在老年恒星的中心形成的。只不过能够形成中子星的恒星，其质量更大罢了。根据科学家的计算，当老年恒星的质量大于 10 个太阳的质量时，它就有可能最后变为一颗中子星，而质量小于 10 个太阳的恒星往往只能变化为一颗白矮星。

但是，中子星与白矮星的区别，绝不只是生成它们的恒星质量不同。它们的物质存在状态是完全不同的。

简单地说，白矮星的密度虽然大，但还在正常物质结构能达到的最大密度范围内：电子还是电子，原子核还是原子核。而在中子星里，压力是如此之大，白矮星中的简并电子压再也承受不起了：电子被压缩到原子核中，同质子中和为中子，使原子变得仅由中子组成。而整个中子星就是由这样的原子核紧挨在一起形成的。可以这样说，中子星就是一个巨大的原子核。中子星的密度就是原子核的密度。

在形成的过程方面，中子星同白矮星是非常类似的。当恒星外壳向外膨胀时，它的核受反作用力而收缩。核在巨大的压力和由此产生的高温下发生一系列复杂的物理变化，最后形成一颗中子星内核。而整个恒星将以一次极为壮观的爆炸来了结自己的生命。这就是天文学中著名的"超新星爆发"。

恒　星

在地球上遥望夜空，宇宙是恒星的世界。

恒星在宇宙中的分布是不均匀的。从诞生的那天起，它们就聚集成群，交映成辉，组成双星、星团、星系……

恒星是在熊熊燃烧着的星球。一般来说，恒星的体积和质量都比较大。只是由于距离地球太遥远的缘故，星光才显得那么微弱。

古代的天文学家认为恒星在星空的位置是固定的，所以给它起名"恒星"，意思是"永恒不变的星"。可是我们今天知道它们在不停地高速运动着，比如

太阳就带着整个太阳系在绕银河系的中心运动。但别的恒星离我们实在太远了，以至我们难以觉察到它们位置的变动。

恒星发光的能力有强有弱。天文学上用"光度"来表示它。所谓"光度"，就是指从恒星表面以光的形式辐射出的功率。恒星表面的温度也有高有低。一般说来，恒星表面的温度越低，它的光越偏红；温度越高，光则越偏蓝。而表面温度越高，表面积越大，光度就越大。从恒星的颜色和光度，科学家能提取出许多有用信息来。

历史上，天文学家赫茨普龙和哲学家罗素首先提出恒星分类与颜色和光度间的关系，建立了被称为"赫—罗图"的恒星演化关系，揭示了恒星演化的秘密。"赫—罗"图中，从左上方的高温和强光度区到右下的低温和弱光区是一个狭窄的恒星密集区，我们的太阳也在其中；这一序列被称为主星序，90%以上的恒星都集中于主星序内。在主星序区之上是巨星和超巨星区，左下为白矮星区。

恒星诞生于太空中的星际尘埃（科学家形象地称之为"星云"或者"星际云"）。

恒星的"青年时代"是一生中最长的黄金阶段——主星序阶段，这一阶段占据了它整个寿命的90%。在这

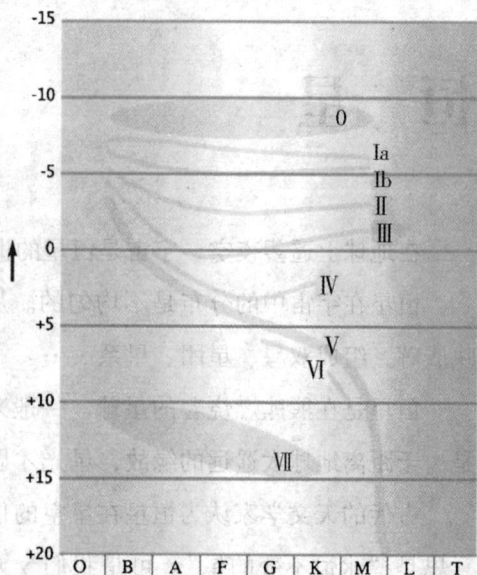

段时间，恒星以几乎不变的恒定光度发光发热，照亮周围的宇宙空间。

在此以后，恒星将变得动荡不安，变成一颗红巨星；然后，红巨星将在爆发中完成它的全部使命，把自己的大部分物质抛射回太空中，留下的残骸，也许是白矮星，也许是中子星，甚至是黑洞……

就这样，恒星来之于星云，又归之于星云，走完了它辉煌的一生。

绚丽的繁星，将永远是夜空中最美丽的一道景致。

星　团

恒星往往成群分布。一般地，我们把恒星数在 10 个以上而且在物理性质上相互联系的星群叫做"星团"。比如金牛座中的"昴星团""毕星团"，巨蟹座的"蜂巢星团"等。

根据星团包含的恒星数、星团的形状和在银河系中位置分布的不同，星团又分为疏散星团和球状星团。疏散星团一般由十几到几千颗恒星组成，结构松散、形状也不规则。它们一般分布在银道面附近，所以也被称作"银河星团"。在银河系内发现的疏散星团目前有 1000 多个，其中包括刚提到的金牛座昴星团、毕星团。

球状星团则由成千上万、多至几十万的恒星组成。它们聚集成球形，越往中心越密集。球状星团大多都分布在银河系中心方向。一个球状星团内的恒星

差不多都是在同一时期形成的，它们的演化过程也大致相同。比较著名的如武仙座的球状星团，它由大约250万颗恒星组成，离我们大约2.5万光年。

红巨星

当一颗恒星度过它漫长的青壮年期——主序星阶段，步入老年期时，它将首先变为一颗红巨星。

称它为"巨星"，是突出它的体积巨大。在巨星阶段，恒星的体积将膨胀到10亿倍之多。

称它为"红"巨星，是因为在这恒星迅速膨胀的同时，它的外表面离中心越来越远，所以温度将随之而降低，发出的光也就越来越偏红。不过，虽然温度降低了一些，可红巨星的体积是如此之大，它的光度也变得很大，极为明亮。肉眼看到的最亮的星中，许多都是红巨星。

在赫—罗图中，红巨星分布在主星序区的右上方的一个相当密集的区域内，差不多呈水平走向。

我们来较详细地看看红巨星的形成。我们已经知道，恒星依靠其内部的热核聚变而熊熊燃烧着。核聚变的结果，是把每4个氢原子核结合成1个氦原子核，并释放出大量的原子能，形成辐射压。

处于主星序阶段的恒星，核聚变主要在它的中心（核心）部分发生。辐射压与它自身收缩的引力相平衡。

　　氢的燃烧消耗极快，并且中心形成的氦核不断增大。随着时间的延长，氦核周围的氢越来越少，中心核产生的能量已经不足以维持其辐射，于是平衡被打破，引力占了上风。有着氦核和氢外壳的恒星在引力作用下收缩，使其密度、压强和温度都升高。氢的燃烧向氦核周围的一个壳层里推进。

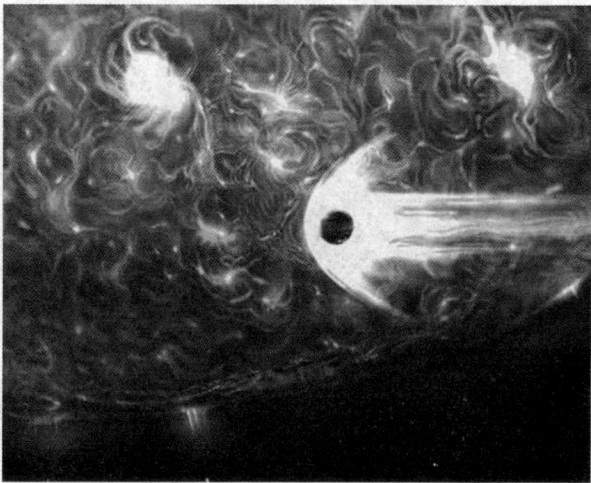

　　这以后恒星演化的过程是：内核收缩、外壳膨胀——燃烧壳层内部的氦核向内收缩并变热，而其恒星外壳则向外膨胀并不断变冷，表面温度大大降低。这个过程仅仅持续了数10万年，这颗恒星在迅速膨胀中变为红巨星。

　　红巨星一旦形成，就朝恒星的下一阶段——白矮星进发。当外部区域迅速膨胀时，氦核受反作用力却强烈向内收缩，被压缩的物质不断变热，最终内核温度将超过一亿℃，点燃氦聚变。最后的结局将在中心形成一颗白矮星。

白　洞

　　黑洞就像宇宙中的一个无底深渊，物质一旦掉进去，就再也逃不出来。根据我们熟悉的"矛盾"的观点，科学家们大胆地猜想到：宇宙中会不会也同时存在一种物质只出不进的"泉"呢？并给它取了个同黑洞相反的名字，

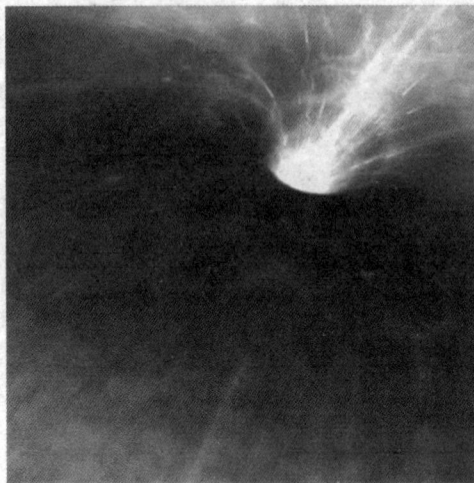

叫"白洞"。

科学家们猜想：白洞也有一个与黑洞类似的封闭的边界，但与黑洞不同的是，白洞内部的物质和各种辐射只能经边界向边界外部运动，而白洞外部的物质和辐射却不能进入其内部。形象地说，白洞好像一个不断向外喷射物质和能量的源泉，它向外界提供物质和能量，却不吸收外部的物质和能量。

到目前为止，白洞还仅仅是科学家的猜想，还没有观察到任何能表明白洞可能存在的证据。在理论研究上也还没有重大突破。不过，最新的研究可能会得出一个令人兴奋的结论，即"白洞"很可能就是"黑洞"本身！也就是说黑洞在这一端吸收物质，而在另一端则喷射物质，就像一个巨大的时空隧道。

科学家们最近证明了黑洞其实有可能向外发射能量。而根据现代物理理论，能量和质量是可以互相转化的。这就从理论上预言了"黑洞、白洞一体化"的可能。

要彻底弄清楚黑洞和白洞的奥秘，现在还为时过早。但是，科学家们每前进一点，所取得的成绩都让人激动不已。我们相信，打开宇宙之谜大门的钥匙就藏在黑洞和白洞神秘的身后。

星　系

　　当遥望星空时，横贯天际、蔚为壮观的银河总能让人们欣然神往，思绪万千。仔细观察的话，我们也能看出银河实际上是由许许多多颗星星所组成的。在天文学中，我们把这种由千百亿颗恒星以及分布在它们之间的星际气体、宇宙尘埃等物质构成的，占据了成千上万亿光年空间距离的天体系统叫做"星系"。我们的太阳就是银河系中普通的一颗恒星。

　　银河系并不是宇宙中唯一的星系。通过各种方法，人们已经观察到的星系已经有好几万个了！不过，由于距离太遥远，它们看起来远不如银河系那么壮丽。借助望远镜，它们看起来还只像朦胧的云雾。离咱们银河系最近的星系——大麦哲伦星云和小麦哲伦星云，距离我们银河系也有十几万光年。一般地，我们把除银河系以外的星系，统称为"河外星系"。

　　星系在早期曾被归到星云中，直到 1924 年，在准确测定了仙女座星云（现应严格称为"仙女座河外星系"）的距离后，星系的存在才正式确立。

　　星系的形状是多种多样的。我们可以粗略地划分出椭圆星系、透镜星系、旋涡星系、棒旋星系和不规则星系这 5 种来。星系在太空中的分布也并不是均匀的，往往聚集成团。少的三两成群，多的则可能好几百个聚在一起。人们又把这种集团叫做"星系团"。

　　星系和它内部的恒星都在运动中。我们都知道地球绕着太阳旋转，同时太阳也在绕银河系的中心运动，而同时银河系作为一个整体，本身也在运动着。在星系内部，恒星运动的方式有两种：它一面绕着星系的核心旋转，与此同时还在一定的范围内随机地运动（科学家称之为"弥散运动"）。

星系的起源和演化，与宇宙诞生早期的演化密切相关。一般看法认为：当宇宙从猛烈的爆发中产生时，大量的物质被抛射到空间中。形成宇宙中的"气体云"。这些气体云本身处在平衡之中，但是在某种作用下，平衡被打破了，物质聚集在一起，质量高达今天太阳质量的上千亿倍！这些物质团后来在运动中分裂开，并最终形成无数颗恒星。这样，原始的星系就形成了。一般认为星系形成的时期在100亿年前左右。

而关于星系的演化，历史上一度曾把星系形态的序列当成演化的序列，即认为星系从椭圆形开始，再逐渐发展成透镜型、旋涡型、棒旋型，最后变成不规则型。这种观点今天已基本上被推翻。目前的看法认为这一过程与恒星形成的力学机理相关，但也仍然停留在假说的阶段。

双　星

对于天体物理学家来说，双星是能提供最多信息的天体，从双星可以得到比单个恒星更多的信息和恒星演化的秘密。

在浩瀚的银河系中，我们发现的半数以上的恒星都是双星体，它们之所以有时被误认为是单个恒星，是因为构成双星的两颗恒星相距得太近了。它们绕共同的质量中心作圆形轨迹运动，以至于我们很难分辨它们，这其中包括著名的第一亮星天狼星。天狼星主星天狼 A 的质量为 2.3 个太阳质量，其伴星天狼 B 是一颗质量仅为 0.98 个太阳质量的白矮星。按照恒星的演化理论，质量大的恒星将首先耗尽其氢燃料；质量小的则有着很长的寿命。而一颗质量小于太阳的恒星从其诞生到白矮星至少要经过长达 100 亿年的历史。而天狼星 A 有 2.3 个太阳质量，应该比其伴星更快演化，但事实上此星明显正在进行氢燃烧，是一颗完全正常的恒星。质量大的恒星还没有耗尽氢燃料，而质量小的相反却已经耗尽了氢而处于寿命的后期。这种情况不是唯一的，英仙座的大陵五双星及其他很多恒星也有类似情况，这些对双星中都有一颗是白矮星或是中子星，甚至有可能是一个黑洞。

　　下面我们假设我们可以观测到一对双星的演变过程，作一次实地跟踪观测：

　　最初，A 星的质量为 2～3 个太阳质量，B 星为 1.5 个太阳质量。这以后，正如单个恒星演化过程一样，质量较大的恒星演化得很快，A 星首先消耗掉了大量的氢元素，其外层慢慢膨胀起来，很快膨胀为一颗红巨星，其半径不断增大，而其内部已经形成了一个半径约为太阳几十分之一的白矮星氦核。当 A 星外壳开始进入 B 星的引力范围时，A 星的表面物质开始受 B 星的引力离开 A 星表面流向 B 星表面。但由于两星相互公转以及 B 星的自转，流来的物质并不立即落在表面，而是先在 B 星周围随 B 星自转形成一个碟状气体盘，然后才能逐步降落在 B 星表面。于是 A 星不断有物质转移到 B 星，这使得 A 星的老化进程急剧加快，并以更快速度膨胀，甚至将 B 星的轨道吞没。这个过程将持续数万年。这以后，A 星耗尽了它所有的剩余氢，而其巨大的外壳可以伸展到十几个太阳半径之外，但最终大部分将被 B 星所吸收。此刻，A 星基本上全是由氦组成了，

质量仅仅剩下原来的 1/5 左右，而 B 星质量则增至原来的 2 倍多。这样，质量对比发生了明显变化：A 星成了质量较小的致密的白矮星，而 B 星由于吸收了 A 星的大部分质量，体积增加了许多，成为双星中质量较大的恒星。在 A 星周围原来膨胀的外壳在失去膨胀力后一部分逐渐降落在小白矮星上，而 B 星正处于中年期，继续其正常恒星的演化。这就是我们现在看到的天狼星及其伴星的情况。

这以后，这对双星继续演化，像原来一样，质量较大的恒星将以很快的速度进行演化，并在耗尽其内核附近的氢燃料后开始了膨胀，进入红巨星阶段。此时，A 星的强大引力将慢慢对 B 星不断膨大的表面上的物质起作用，物质开始从 B 星表面迅速流向 A 星。像从前一样，流质在 A 星周围形成气体盘，并不断降落在 A 星表面。以后的时间里，B 星由于丢失大量物质而缺少燃料迅速老化膨胀；A 星则可能由于吸附了大量物质而塌陷成中子星甚至黑洞。B 星将终于发生超新星爆发而结束其一生，把身体的大部分质量抛向宇宙，而在其中心留下一个致密的白矮星或中子星。

一对双星就这样转化成一对仍然相互作用转动的白矮星、中子星或黑洞。由于其间复杂的引力作用，双星的演化过程比单个恒星要短得多。这些特点，使我们有机会看到恒星演化的更多奇观。

共 生 星

共生星是较新发现的一种类型的天体。共生星是单星还是双星，限于观测技术的制约还不能有结论。科学家们正日夜监视着这些星座，以期获得更多的信息。

那是 20 世纪 30 年代的事情。当时天文学家在观测星空时发现了一种奇怪的天体，对它的光谱进行的分析表明，它既是"冷"的，只有两三千摄氏度；同时又是十分热的，达到几万摄氏度。也就是说，冷热共生在一个天体上。1941 年，天文学界把它定名为"共生星"。它是一种同时兼有冷星光谱特征（低温吸收线）和高温发射星云光谱（高温发射线）的复合光谱的特殊天体。几十年来已经发现了约 100 个这种怪星。许多天文学家为解开怪星之谜耗费了毕生精力。我国已故天文学家、北京天文台前台长和茂兰早在 20 世纪四五十年代在法国就对美丽而又神秘的共生星星体进行过不少观测研究，在国际上有一定影响。此后，我国另一些天文学家也参加了这项揭谜活动。

半个多世纪过去了，但它的谜底仍未完全揭开。

最初，一些天文学家提出了"单星"说。认为这种共生星中心是一个属于红巨星之类的冷星，周围有一层高温星云包层。红巨星是一处于比较晚期的恒星，它的密度很小，而体积比太阳大得多，表面温度只有两三千摄氏度。可是星云包层的高温是从何而来的呢？人们却无法解释。太阳表面温度只有 6000℃，而它周围的包层——日冕的物质非常稀薄，完全不同于共生星的星云包层。因此，太阳算不得共生星，也不能用来解释共生星之谜。

也有人提出了"双星"说，认为共生星是由一个冷的红巨星和一个热的矮星（密度大而体积相对较小的恒星）组成的双星。但是，当时光学观测所能达到的分辨率不算太高，其他观测手段尚未发展起来，人们通过光学观测和红外测量测不出双星绕共同质心旋转的现象。而这是确定是否为双星的最基本特征之一。

在 1981 年所进行的学术讨论会上，人们只是交流了共生星的光谱和光度

特征的观测结果，从理论上探讨了共生星现象的物理过程和演化问题。在那以后，观测手段有了很大发展。天文学家用 X 射线、紫外线、可见光、红外射电波段对共生星进行了大量观测，积累了许多资料。共生星之谜的帷幕在逐渐揭开。

天文学家用可见光波段对冷星光谱进行的高精度视向速度测量证明，不少共生星的冷星有环绕它和热星的公共质心运行的轨道运动，这有利于说明共生星是双星。人们还通过具有高的空间分辨率的射电波段进行探测，查明了许多共生星的星云包层结构图，并认为有些共生星上存在"双极流"现象（从一个星的两个极区向外喷射物质）。现在，大多数天文学家都认为，共生星可能是由一个低温的红巨星或红超巨星和一个具有极高温度看不见的极小的热星以及环绕在它们周围的公共热星云包层组成。它是一种处于恒星演化晚期阶段的天体。

有的天文学家对共生星现象提出了这样一种理论模型。共生星中的低温巨星或超巨星体积不断膨胀。其物质不断外溢，并被邻近的高温矮星吸积，形成一个巨大的圆盘，即所谓的"吸积盘"。吸积过程中产生强烈的冲击波和高温。由于它们距离我们太远，我们区分不出它们是两个恒星，而看起来像热星云包在一个冷星的外围。

有的共生星属于类新星。类新星是一种经常爆发的恒星。所谓爆发是指恒星由于某种突然发生的十分激烈的物理过程而导致能量大量释放和星的亮度骤增许多倍的现象。仙女座 Z 型星是这类星中比较典型的由一个冷的巨星和一个热的矮星外包激发态星云组成的双星系统，经常爆发，爆发时亮度可增大数 10 倍。它具有低温吸收线和高温发射线并存的典型共生星光谱的特征。但是双星说并未能最后确立自己的阵地。

这其中一个重要原因是迄今为止未能观测到共生星中的热星。星体科学家只不过是根据激发星云所属的高温间接推理热星的存在，从理论上判断它是表面温度高达几十万℃的白矮星。许多天文学家都认为，对热星本质的探索，应当是今后共生星研究的重点方向之一。

此外，他们认为，今后还要加强对双星轨道的测量，进一步收集关于冷星的资料，以探讨其稳定性。

天文学家们指出，对共生星亮度变化的监视有重要意义。通过不间断的监视可以了解其变化的周期性，有没有爆发，从而有助于揭开共生星之谜。但是共生星光变周期有的达到几百天，专业天文工作者不可能连续几百天盯住这些共生星，因此，他们特别希望天文爱好者能共同来监视。

揭开共生星之谜，对恒星物理和恒星演化的研究都有重要的意义。但要彻底揭开这个谜看来还需要付出许多艰苦的努力。

脉 冲 星

脉冲星就是高速旋转的中子星。地球自转一周是24小时，而脉冲星自转一周只需0.001 337秒，可见它转得有多快。唯其如此，它才能发出被人类接收到的射电脉冲，从而被人类发现。如果人类没有发明射电望远镜，这类星不是就"藏在深闺人未识"了吗？

人们最早认为恒星是永远不变的。而大多数恒星的变化过程是如此的漫长，人们也根本觉察不到。然而，并不是所有的恒星都那么平静。后来人们发现，有些恒星也很"调皮"，变化多端。于是，就给那些喜欢变化的恒星起了个专

门的名字，叫"变星"。

脉冲星，就是变星的一种。脉冲星是在1967年首次被发现的。当时，还是一名女研究生的贝尔，发现狐狸星座有一颗星发出一种周期性的电波。经过仔细分析，科学家认为这是一种未知的天体。因为这种星体不断地发出电磁脉冲信号，人们就把它命名为脉冲星。

脉冲星发射的射电脉冲的周期性非常有规律。一开始，人们对此很困惑，甚至曾想到这可能是外星人在向我们发电报联系。据说，第一颗脉冲星就曾被叫做"小绿人一号"。

经过几位天文学家一年的努力，终于证实，脉冲星就是正在快速自转的中子星。而且，正是由于它的快速自转而发出射电脉冲。

正如地球有磁场一样，恒星也有磁场；也正如地球在自转一样，脉冲星恒星也都在自转着；还跟地球一样，恒星的磁场方向不一定跟自转轴在同一直线上。这样，每当恒星自转一周，它的磁场就会在空间划一个圆，而且可能扫过地球一次。

那么岂不是所有恒星都能发脉冲了？其实不然，要发出像脉冲星那样的射电信号，需要很强的磁场。而只有体积越小、质量越大的恒星，它的磁场才越强。而中子星正是这样高密度的恒星。

另一方面，恒星体积越大、质量越大，它的自转周期就越长。我们很熟悉的地球自转一周要24小时。而脉冲星的自转周期竟然小到0.001 337秒！要达到这个速度，连白矮星都不行。这同样说明，只有高速旋转的中子星，才可能扮演脉冲星的角色。

这个结论引起了巨大的轰动。虽然早在20世纪30年代，中子星就作为假说而被提了出来，但是一直没有得到证实，人们也不曾观测到中子星的存在。而且因为理论预言的中子星密度大得超出了人们的想象，在当时，人们还普遍对这个假说抱怀疑的态度。

直到脉冲星被发现后，经过计算，它的脉冲强度和频率只有像中子星那样体积小、密度大、质量大的星体才能达到。这样，中子星才真正由假说成为事实。这真是 20 世纪天文学上的一件大事。因此，脉冲星的发现，被称为 20 世纪 60 年代的四大天文学重要发现之一。

至今，脉冲星已被我们找到了不少于 1620 颗，并且已得知它们就是高速自转着的中子星。

脉冲星有个奇异的特性——短而稳的脉冲周期。所谓脉冲就是像人的脉搏一样，一下一下出现短促的无线电信号，如贝尔发现的第一颗脉冲星，每两个脉冲间隔时间是 1.337 秒，其他脉冲还有短到 0.0014 秒的，最长的也不过 11.765 735 秒。那么，这样有规则的脉冲究竟是怎样产生的呢？天文学家已经探测、研究得出结论，脉冲的形成是由于脉冲星的高速自转。那为什么自转能形成脉冲呢？原理就像我们乘坐轮船在海里航行，看到过的灯塔一样。设想一座灯塔总是亮着且在不停地有规则运动，灯塔每转一圈，由它窗口射出的灯光就射到我们的船上一次。不断旋转，在我们看来，灯塔的光就连续地一明一灭。脉冲星也是一样，当它每自转一周，我们就接收到一次它辐射的电磁波，于是就形成一断一续的脉冲。脉冲这种现象，也就叫"灯塔效应"。脉冲的周期其实就是脉冲星的自转周期。

然而灯塔的光只能从窗口射出来，是不是说脉冲星也只能从某个"窗口"射出来呢？正是这样，脉冲星就是中子星，而中子星与其他星体（如太阳）发光不一样，太阳表面到处发亮，中子星则只有两个相对着的小区域才能辐射出来，其他地方辐射是跑不出来的。即是说脉冲星表面只有两个亮斑，脉冲星别处都是暗的。这是什么原因呢？原来，脉冲星本身存在着极大的磁场，强磁场把辐射封闭起来，使脉冲星辐射只能沿着磁轴方向，从两个磁极区出来，这两

个磁极区就是中子星的"窗口"。

脉冲星的辐射从两个"窗口"出来后，在空中传播，形成两个圆锥形的辐射束。若地球刚好在这束辐射的方向上，我们就能接收到辐射，且每转一圈，这束辐射就扫过地球一次，也就形成我们接收到的有规则的脉冲信号。

灯塔模型是现在最为流行的脉冲星模型。另一种磁场振荡模型还没有被普遍接受。

脉冲星是高速自转的中子星，但并不是所有的中子星都是脉冲星。因为当中子星的辐射束不扫过地球时，我们就接收不到脉冲信号，此时中子星就不表现为脉冲星了。

第五章

星空探索

所谓星空，通俗点讲就是指我们在夜晚用肉眼所能看到的满天星球的天空，不要以为它们离我们很近，实际上它们都是一个个遥远的太阳。我们所看到的恒星，有些是十几、几十或几百或将近1000光年，更远的恒星就需要用望远镜来观看了。所以说对星空的探索还有很远的路程需要我们跋涉。

难以观测的水星

地球到月球的距离是 38 万千米，而地球到水星的最近距离则是它们的 200 多倍，粗计也有 7700 万千米。又由于水星跟月球差不多大小，离太阳又这么的近，所以我们很难清楚地看到这颗最靠近太阳的行星的真面貌，就连专业天文学家也经常为看不到水星而苦恼。

多少年来一些天文科学家对水星进行着全方位的研究，都想看清它的真面貌。可在最好的情况下，从地球上看水星，也只能看到水星的一点光影。这是什么原因呢？因为看水星只能在东方天空太阳升起前的一个半钟头，或在西方天际太阳下落后的一个半钟头。此时此刻，太阳的光辉映衬着天空，水星被淹没在曙暮的水汽天光里，所以它真的难以露出它自己的身影。

水星上没有大气，但有人说在它的上面可能有生命存在，因为它叫水星，那么它上面也一定有水。其实这是人们对水星的一种的误解。水星离太阳最近，太阳近距离地灼烤着水星，以 9 倍于给地球的光和热倾注在水星上，使水星面向太阳的一面，最高温度可达 400℃左右，岩石中的铅和锡都会被太阳光熔化析出，更别说生命的存在了。其实，这里才是太阳系最热的地方之一。

水星的特色还不止这些，在它的身边，黑墨般的天空悬挂着巨大的太阳，比地球上看到的太阳大 8 倍，四周寂静无声，简直像一座炼狱。别以为水星只是个滚烫的星球，有时候又冷得吓人。在水星背向太阳的一面，由于没有大气起调节温度的作用，温度下降极为迅速，多在 -163℃以下。水星的昼夜大约 30 天交换一次，即在一个月时间里，连续暴晒，接着一个月时间跌入寒夜，真是一个火与冰的世界！这样的水星世界，对地球上任何已知的生命都意味着毁灭，那么在水星上又怎么可能有生命呢?

由于水星太靠近太阳了，在地球上是看不清楚水星真面貌的。

1973 年 11 月 4 日，美国宇航局成功地把"水手 10 号"送上了飞向水星的旅程。在 1974 年 1 月和 9 月、1975 年 3 月，"水手 10 号"三次掠过水星表面，最近时距离只有 300 千米，拍摄了大量照片，再用电视发回地球，一幅又一幅清晰生动的画面向人们展现未曾看到也未曾料到的水星景象。

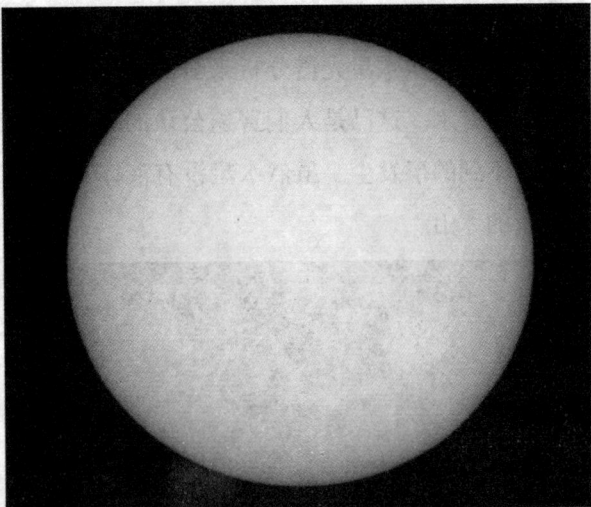

从这些照片上看上去，水星表面和月球一样，到处凹凸起伏，环形山星罗棋布，高高的悬崖，挺立的峭壁，长长的峡谷，绵延的山脉，辽阔的平原和盆地。远远看去，简直和月球的表面没有什么两样。

科学家们仔细地检查了"水手 10 号"所拍的全部照片，他们还是发现了水星和月球在地貌上的差别。

水星的各山脉中间地带有不少平坦的山间平原，这在月球上基本上是看不到的。我们看到的月球表面上环形山是一个叠一个的，彼此之间根本不存在平地。科学家认为，这是由于水星和月球表面引力不同的缘故。

水星表面到处还有不深的扇形峭壁，科学家们称为"舌状悬崖"，它高 1~2 千米，长达几百千米，这些悬崖被认为是巨大的褶皱，在月球表面是没有的。水星上最高的陡壁竟达 3 千米，它有时可绵延数百千米，堪称地貌奇绝。

从"水手 1 号"对水星天气的观测结果表明，水星最高温 427℃。最低温 −173℃，水星表面没有任何液体水存在的痕迹。就算是我们给水星送去水，水星表面的高温会使液体和气体分子的运动速度加快，足以逃出水星的引力场。可

又有人提出水星无水，可在它周围的大气中似乎有水蒸气。这是为什么？

科学家们从水星光谱分析来看，发现水星确实有点大气，但在它的大气中却真的没有水。这已是人们普遍公认的事实。然而，宇宙奥妙无穷，常会有人们意想不到的事发生。虽然水星没有液体水，没有水蒸气，但是在这里却发现了真正的冰山。

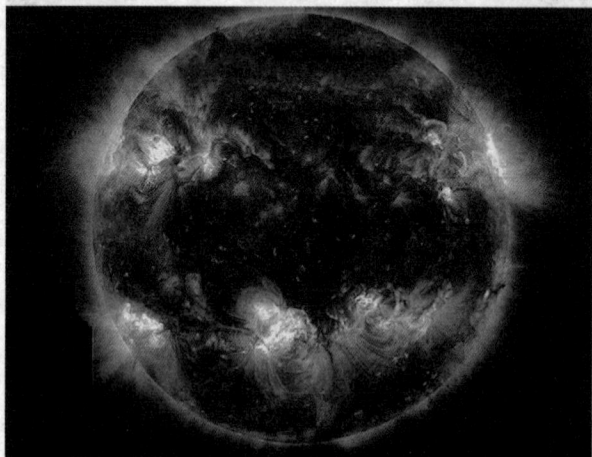

1991年8月，水星飞到离太阳最近点，美国天文学家用27个雷达天线的巨型天文望远镜在新墨西哥州对水星观测，得出了破天荒的结论——水星表面的阴影处，存在着以冰山形式出现的水。

这些冰山直径为15~60千米，竟多达20处，其中最大的冰山可达到130千米。它们都是在太阳从未照射到的火山口内和山谷之中的阴暗处，那里的温度是-170℃。它们都位于极地，湿度通常在-100℃，故这些冰山得以存在。这些约30亿年前生成的冰山，由于水星表面的真空状态，每10亿年才融化8米左右。

天文学家是这样解释水星冰山形成的原因：水星在形成时，它的内核首先凝固成一个整体后发生剧烈的抖动，使水星表面形成起伏的褶皱——水星高山；同时又由于水星表面火山爆发频繁，陨星和彗星又多次相冲击，水星表面坑坑洼洼，来自外星球的水便存于其中。也有人说水是水星原来就有的，但是两种观点还存有许多分歧。

"水星"一名的由来

　　行星的名字，可以反映出当时的观点，流传到现在，已经成为人们习惯的称呼。为什么我们把"冰"与"火"并存的行星叫做水星呢？

　　古时候，日、月和5颗行星都能被肉眼观测到。它们在天空日夜移动而且能发出连续不断的光，而那些遥远的星星，看来位置稳定，闪闪烁烁。我们的祖先就给了日、月、5颗行星以特殊的位置，想象它们是主宰物质世界的神灵的化身或是天神的住地。在西方，古罗马人看到水星绕太阳公转一周的时间最少，运行得最快，所以把希腊神话中一个跑得最快的信使"墨丘利"的名字给了水星。

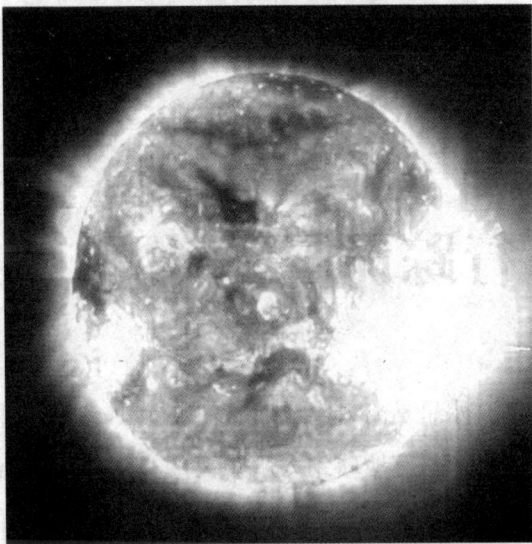

　　在中国，古时盛行阴阳五行说，把宇宙简化成阴阳两大系统，以揭示自然万物的构成变化。为反映阴阳两大系统的动态变化，人们又引申出金、木、水、火、土五行的相生相克、互相承接或制约，"阳变阴合，而生水、火、木、金、土"。宇宙万物是统一的，天、地、人也是三位一体的。总之，任何事物的构成变化都可以用阴阳五行说来作出解释。在天，就为日月星；在地，就为珠玉金；

在人，为耳目口。于是，日月的名字分别又叫太阳、月亮，五大行星又可以用五行来称呼，就有了现在的水星、金星、火星、木星、土星的名称。它反映了炎黄子孙特有的智慧和思维方式，是东方的精神文化之花。

行踪诡异的水星

水星是离太阳最近的一颗行星。它与太阳的平均距离只有 5800 万千米，这个距离只有地球到太阳距离的 0.4 倍。太阳光用 8 分多钟才能跑到地球上来，而只用 3 分钟多一点的时间就可以到水星表面了。

水星如此接近太阳，这使我们很难清楚地观测到这颗最靠近太阳的内行星，连专业天文学家也经常看不到水星。

众所周知，水星的轨道"藏"在地球轨道的内侧，它每 88 天围绕太阳运行一周。在地球上观测水星，发现水星总是在离太阳不远的地方来回转悠，水星和太阳像是亲密的母子，又好比是两个形影不离的伙伴。总之，它们真是永不分离的一对儿！在天空中的角距离总是非常小，最大时也不会超过 28°，这就是说，在便利的情况下从地球上观看水星，只能在东方天空比太阳早升起一个半钟头，或在西方比太阳迟落下的一个半钟头时间里。而此时，太阳的光辉装扮着天空，水星淹没在无尽的天光里，被严严实实地包裹住了。

其实，水星常常很亮，有时与天空中最亮的天狼星不分伯仲，但同太阳的晨光余晖相比，就不免有些逊色了。

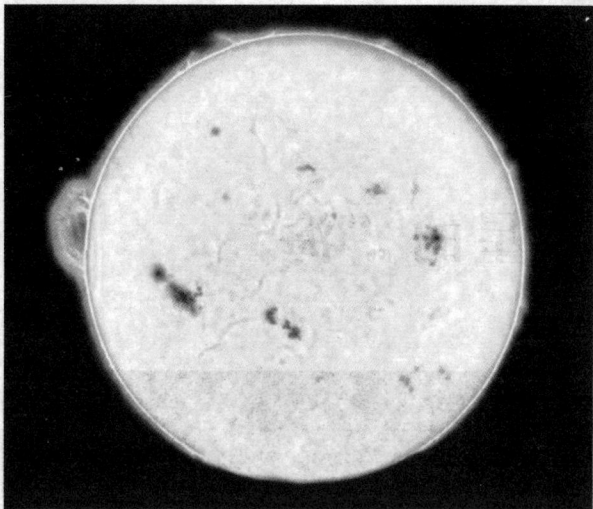

水星的大小在太阳系行星里排在倒数第二位，直径只有4880千米，甚至连大行星的某些卫星都比不上。比如木卫三（直径5276万千米）、土卫六（直径5120千米）都要比水星大得多。水星与地球的卫星——月球（直径3476千米）大小差不多。

水星非常小，又总是贴近太阳，所以我们要见到水星真是需要大费一番周折！要想看到水星，只有当水星与太阳的角距离达到最大，这时，太阳在地平线以下，天色昏暗；而水星恰好在地平线以上的时候，我们才有机会"一睹芳容"。然而这样的机会也是千载难逢，当水星非常艰难地恰好从地球和太阳之间通过时，我们有可能在太阳圆面上见到这个小小的行星，真是"千呼万唤始出来"啊！人们为这种现象取了个好听的名字：水星凌日。这种情形，每1世纪大约出现12次。

水星的行踪诡异，从地球上对它进行研究自然难以奏效。在地球上，用高级的天文望远镜观测水星时，也只能分辨出水星上750千米大的区域，看不清水星表面的细节。曾经有人认为水星自转周期与公转周期一样，但是，直到20世纪60年代，天文学家用射电望远镜对水星进行了雷达探测，观测结果清楚表明：水星自转周期是59天，是公转周期88天的2/3，换句话说，水星绕太阳转两周，同时便绕自己的轴线转3周，这是多么和谐而统一的运动！

水星的"海"

水星上有"海"吗？我们一起去瞧瞧！我们在"水平 10 号"拍摄到的照片上可以清楚地看到水星表面最大的地形特征是盆地，直径约 1300 千米，四面有高出周围平原达 2 千米的山峦，这个盆地在水星表层北纬 30°、西经 195°的地方。每当"水手 10 号"飞越该盆地时，水星正好运动到它轨道上的近日点，这个盆地也恰好处在日下直射点，温度急剧攀升，成为水星最酷热的地方，也是太阳系所有行星表面最炽热的地方。人们给它取名为"卡路里盆地"。"卡路里"在拉丁语里的意思是热，热盆地貌似月球上的"月海"，因此也有人称它为水星上的"海"。

奇妙的天文现象——水星凌日

水星凌日是一种天文现象。当水星运行至地球和太阳之间，如果三者能够连成直线，便会产生水星凌日现象。和日食不同的是水星比月球离地球远，视直径仅为太阳的一百九十万分之一。水星挡住太阳的面积太小了，不足以使太阳亮度减弱，所以只能通过望远镜进行投影观测。观测时会发现一黑色小圆点横向穿过太阳圆面，黑色小圆点就是水星的投影。水星凌日发生在 5 月初或 11 月初，平均每 100 年出现 13 次。

耀眼的金星

在我国古代，当金星在黎明前出现时，叫它"启明星"，象征天将要亮了；而当它在黄昏出现的时候，叫它"长庚星"，预示长夜来临了。"启明星""长庚星"就是金星，往往是晚上第一个出现和清晨最后一个隐没的星星。

从地球上远望，金星发出银白色亮光，璀璨夺目，亮度仅次于太阳和月亮。西方人认为爱与美的女神维纳斯就住在金星上。金星最亮时，亮度是天空中最亮的恒星——天狼星的 10 倍。

金星如此明亮的原因有两点：一方面，是因为它包裹着厚厚的云雾，这层

云雾反射日光的本领很强，而且对红光反射能力又强于蓝光，所以，金星的银白光色中，多少带点金黄的颜色；另一方面，金星距离太阳很近，除水星以外，金星是距太阳第二近的行星，仅 10 800 万千米，太阳照射到金星的光比照射到地球的多一倍，所以，这颗行星显得特别耀眼明亮。

金星和地球相比离太阳较近，绕日公转轨道在地球的内侧，这点与水星很类似。但金星的轨道比水星轨道大一倍，所以，金星在天空中离太阳就要远些，容易被看到。金星被我们看到时，它与太阳的距角可以达到47°，也就是说，金星在太阳出来前 3 小时已升起，或者在太阳下落 3 小时后出现在天空。这样，人们很容易看到它。金星也是太阳系中距离地球最近的行星，它和地球的距离是 4000 万千米。

美国在 1962 年发射"水手 2 号"以后，又在 1978 年 5 月 20 日和 8 月 8 日先后发射"先驱者金星 1 号"和"先驱者金星 2 号"，其中"先驱者金星"2 号的探测器软着陆成功。至此，美国也先后有 6 个探测金星的飞船上天。它们发现金星的天空是橙黄色的。金星的高空中有巨大的圆顶状的云，它们离金星地面 48 千米以上，这些浓云像硕大无比的圆顶帐篷悬挂在空中反射着太阳光。这些橙黄色的云是什么呢？后来人们对其进行了科学的研究，发现这黄色的东西竟是具有强烈腐蚀作用的浓硫酸雾，厚度有 20～30 千米。因此，金星上若也下雨的话，下的便全是硫酸雨。由此看来，金星恐怕真是一块不毛之地。

我们地球的大气压只有一个大气压左右，在金星的固体表面，大气压是 95 个大气压，几乎是地球大气的 100 倍，相当于地球海洋深处 1000 米的水压。人的身体是无法承受这么大的压力的。

金星大气的成分主要是二氧化碳。二氧化碳占了气体总量的96%，而氧仅占0.4%，这与地球上大气的结构刚好相反。金星上的二氧化碳比地球上的二氧化碳多出1万倍，这里常常电闪雷鸣，几乎每时每刻都有雷电发生。

地球上40℃的高温已经让人受不了，但金星表面的温度高得吓人，竟然高达460℃，足以把动植物都烤焦；而且在黑夜并不冰冻，夜间的岩石也像通了电的电炉丝发出暗红色光。金星怎么会有这么恐怖的高温呢？这是由二氧化碳的温室效应造成的。

温室效应使金星昼夜几乎没有温差，一年四季没有季节变化。

金星自转是行星中最独特的。自转与公转方向相反，是逆向自转。从金星看太阳，太阳是从西方升起，在东方落下。金星逆向自转，是科学家用雷达探测金星表面根据反向器回来的雷达波发现的。

探索金星的进程

人类对金星所作的不懈探索，特别是宇航时代开始以来对金星的探测，逐渐揭开了金星的面纱。

苏联发射的"金星1号"是人类历史上发射的第一艘金星探测飞船，在1961年2月12日升空，但并未成功。

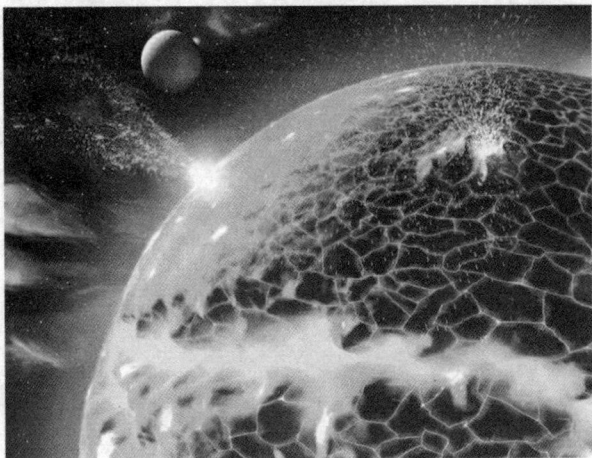

首度成功观测金星的是美国的"水手2号",于1962年8月27日升空,同年12月14日到达距离金星34 830千米的地方探测金星。

首次在金星大气中直接测量的是苏联的"金星4号",它于1967年10月18日降落于金星大气中。

首次在金星软着陆成功的是苏联的"金星7号",它于1970年12月15日降落于金星表面,并发送回各种观测资料。

苏联从1961年开始,直至1983年,向金星共发射飞船16艘,除少数几艘失败外,大多数都按原计划发回不少重要资料。

其实,地球上也有温室效应,只不过地球大气中二氧化碳的含量仅为3.3%,所以地球温室效应远不如金星强烈。但是,就是那么一点二氧化碳,就可以使地球的平均温度达到17℃。近年来,工业污染加剧,致使地球上二氧化碳有增加的趋势,地球的气候也逐渐有变暖的迹象,严重时,两极冰川融化,海平面上升,一些陆地将被淹没。这已引起了人类的高度重视。

金星上如此恶劣的自然环境,是以前人们不曾想到过的。这位地球从前的"孪生姐妹"的面纱一旦揭开,让人们对金星上存在生命的幻想即刻破灭了。

在金星找"水"

金星有很少量的水，仅为地球上水的十万分之一。那么，这些水分布在哪里呢？"金星13号"和"金星14号"探测结果表明，在硫酸雾的低层，水汽含量比较大，为0.02%，而在金星表面大气里却只有0.02‰。在金星表面找不到一滴水，整个金星表面就是一个特大的沙漠，每日的大风令金星表面尘沙铺天盖地，到处昏昏沉沉。

金星地表与地球有几分相似。因为有大气保护，金星上的环形山没有水星、月球那么多。地球相对比较平坦，但是有高山。金星上山的高度的最大落差与地球相似，也有高大的火山，延伸范围达30万平方千米。大部分金星表面看起来像地球陆地。不过，地球陆地只占表面积的3/10，其余7/10为浩瀚的海洋。金星陆地占其表面积的5/6，剩下的6/1是小块无水的低地——至今在金星表面还没有发现水。

太阳"西升东落"

更有趣的是，金星自转是行星中最独特的，它的自转与公转方向相反，是逆向自转。换句话说，从金星上看太阳，太阳是自西方升起，从东方落下。

那么我们是怎样知道金星是逆向自转的呢？这是科学家用雷达探测金星表面时根据反射器反射回来的雷达波发现的，同时人们还得知金星自转非常缓慢，每243天自转一周，如果我们在金星上观看星星，每过243天才能在天空看到同样的恒星图景。如果我们以太阳为基准测量金星自转周期，仅仅是116.8个地球日。因为，在这段时间，金星沿公转轨道前进了很大一段距离，在这243天中，可以看到两次日出和日落。所以，一个金星日是116.8个地球日，金星上的一天等于地球上的116天还多。

金星的城市遗址谜团

1989 年 1 月，苏联发射的一枚探测器穿过金星表面浓密的大气层用雷达扫描时，发现金星上原来分布有两万座城市的遗迹。

起先，科学家们见到这些传回地球的照片，以为上面出现的城墟可能是大气层干扰造成的幻象，或是飞船仪器有问题。但经过深入分析后，他们发觉那确实是一些城市遗迹，可能是由一种绝迹已久的智能生物留下来的。

里宾契诃夫博士在会上说："那些城市全散布在金星表面，如果我们能知道是谁建造的它们就好了……我们绝对无法在金星上生存片刻，但一些生物却做到了——并留下了一个伟大的文化遗迹来证明它。"

他还进一步介绍，那些城市是以马车轮的形状建成的，中间的轮轴就是大都会所在。据估计，那里有一个庞大的公路网将它们所有城市连接起来，直通向它的中央。那些城市皆是倒塌状态。显示出它们已建成有一段极长的日子……目前那里没有任何生物，所以最保守的估计，就是那里的生物已经死了很久。

由于金星表面的环境太恶劣，派宇航员到那里实地调查根本就不可能。但里宾契诃夫博士表示说，国家将不惜任何代价，用无人探险飞船去看清楚那些城市的真实面貌。

美国发射的探测器也发回了有关金星城墟的照片。经过全面的辨认，那两万座城市遗迹完全是由"三角锥"形金字塔状建筑组成的。每座城市实际上只是一座巨型金字塔，全部没有门窗，估计出入口可能开设在地下；这两万座巨型金字塔摆成一个很大的马车轮形状，其间的辐射状大道连接着中央的大城市。

研究者认为，这些金字塔式的城市可昼避高温，夜避严寒，再大的风暴也奈何不了它。

联系到火星上发现的作为警告标志的垂泪的巨型人面建筑——"人面石"，科学家们不得不把金星与火星看成是一对经过文明毁灭命运的"患难姊妹"。据推测，800万年前的金星经历过地球现今的演化阶段，应该有智能生物存在。但由于金星大气成分的变化，使二氧化碳占据了绝对优势，从而发生了强烈的温室效应，造成大量的水蒸发成云气并散失，最终彻底改变了金星的生态环境，导致生物绝迹。

倒塌的金星城市中，究竟隐藏着怎样难以窥探的秘密呢？这只有等待人类未来的实地探测了，但愿这一天不会太遥远。

火星上干枯的河床

人类自登月成功后，进一步激发了探索其他星球的欲望。科学家们在寻找存在生命迹象的星球时，对火星产生了浓厚的兴趣。

在 1964 —1977 年这几十年间，美国对火星发射了"水手号"和"海盗号"两个系列共 8 个探测器。1971 年 11 月，"水手 9 号"运用高分辨率的照相技术对火星全部表面进行了拍摄，科学家从这些照片上发现了火星上存在着一些宽阔而弯曲的河床。不过，这些河床与轰动一时的运河绝对不是一码事。这些没有流水的河床，最长的大约有 1500 千米，宽度则达到 60 千米或更多。在赤道地区分布着一些主要的大河床，大河床和它的支流系统连在一起，形成水道系统。此外还可以观测到呈泪滴状的岛、沙洲和辫形花纹，支流的流向几乎全部朝着下坡方向。科学家们分析，这种河床只有由像水这样小黏滞性的流体才能造成，这是天然河床，绝不是"火星人"的运河。

那么，火星上的河水流到哪里去了呢？这便是当代"火星河之谜"，科学家们对此纷纷展开了研究。

今天的火星表面温度不高，在极冠之中大部分水以地下冰的形式存在着。非常稀薄的大气，使得冰在温度足够高时只能直接升华为水蒸气，因此根本无法存在自由流动的河水。

火星河床说明，过去的火星肯定与今日的火星有很大的差异。有科学家提出一种假说，认为在火星历史的早期，频繁而剧烈的火山活动喷出了大量气体，这些浓厚的原始大气曾经使火星表面如春天般温暖，火山上曾经是一番冰雪融化、河水滔滔的美丽景色。后来火山活动减少，火山气体慢慢地分解，火星大

气变得稀薄、干燥、寒冷。从此，河床干枯了，火星也成为一个荒凉的世界。

另一种假说认为，在火星的历史早期，自转轴的倾斜度要大于现在，因而两极的极冠融化，大气中融入了大量的二氧化碳气体，大量的水蒸发，在空中凝结成雨滴在赤道地区落下，形成河流。

当然，科学家们还有更多的猜想与假说来分析和解释火星河流的形成原因。然而，最令科学家们困惑和关心的问题是曾经那么丰富的河水跑到哪里去了？有人提出，从巨大的江河到今日滴水无存、河床干涸，这说明火星的气候曾经发生了根本性的变化。当然，假说是否能得到验证还需要更多的科学证明。

火星也有"金字塔"

1976年，美国"海盗1号"飞船从火星发回了圣多利亚多山的沙漠地区上空的照片，可以清楚地看到，在一座高山上耸立着一块巨大的五官俱全的人面石像。从头顶到下巴足足有16千米长，脸的宽度达14千米，与埃及狮身人面像——斯芬克斯十分相似。这尊人面石像是在仰望苍穹，凝神静思。在人面像对面约9千米的地方，还有4座类似金字塔的对称排列的建筑物。

从此，火星"斯芬克斯"便成了爆炸性的消息。科学家非常谨慎地认为，这不过是自然侵蚀的结果，由一些自然物质凑巧形成的，或者是自然物体在光线及阴影运动的影响下造成的。但是，仍有很多人相信"火星人面"是非自然的。他们宣称，用精密仪器对照片进行分析，发现人面石像有非常对称的眼睛，并且还有瞳孔。霍格伦小组认真分析、对比后认为，最具说服力的证据是"对称原理"，一个物体正因为符合绝对对称后才能证明其出自人手，而非自然天成。地质学家埃罗尔托伦也认为那种对称现象在自然界根本不存在。人们继续对这些照片进行研究，发现火星上的石像不止一座，而有许多座，并且连眼、鼻、嘴，甚至头发都能看得很清楚。

金字塔同样也有许多座。在火星的南极地区，美国科学家发现有几何构图十分方整的结构体，专家们称之为"印加人城市"。在火星北半球的基道尼亚地区，有类似埃及金字塔东侧发现的奇特黑色圈形构成体，还有道路及奇怪的圆形广场，直径 1 千米。道路基本完整，有的还特意绕过坑洼。在火星尘暴漫天的条件下，一般道路在 5000～10 000 年内便会完全消失，因此人们推算其建成时间不会太长。研究者将火星上金字塔与地球上金字塔作比较，认为两者相似。火星金字塔的短边与长边之比恰恰符合著名的黄金定律，肯定和地球上建立金字塔一样运用了相同的数字运算。只是火星上的金字塔高 1000 米，底边长 1500 米，地球最高的第四朝法老胡夫的金字塔只有 146.5 米，它在火星金字塔面前可谓相形见绌。火星照片上那些奇特的图像都集中在面积为 25 平方千米的范围内。

专家们估计，人像、金字塔有 50 万年历史了。50 万年前的火星气候正处于适合生物生存的时期，因此他们推断，这很可能是火星人留下的艺术珍品，甚至可能是外星人在火星上活动所留下的。

事隔 20 年，在火星轨道上进行测绘任务的美国"火星观察者"太空飞船又飞越了"火星人面"区域拍到了更为清晰的照片。与 1976 年相比，这次的图片将"火星人面"放大了 10 倍，并且是在逆光中拍摄的。

负责"火星观察者"号太空飞船任务的科学家，加州科技学院的阿顿·安尔比断定这是自然形成的图案。他说："这个自然岩石形状'人面'，只是一片独立的山地，只不过是峰峦沟谷在光线的影响下形成了'人面'。"并说，这种现象坐在飞机上的任何人都会遇到，从华盛顿到洛杉矶的飞机上就可以看到很多像那样的景色，而非人工建筑。地理学家也认为，形成"人面"的山和阴影部分只不过是光线变化所致，也很可能是几百万年来气候变化的偶然结果。

但是，仍有很多人坚持"火星人面"是非自然因素形成的。科学家马克·卡罗特是"行星科技研究学会"的成员，他指出"人面"的比例十分真实。那

不是一张夸张搞笑的脸，也不是一张笑脸，它的口中有牙齿，眼眶中有瞳孔，而且通过计算机放大处理后，眉毛及头巾上的条纹也都清晰可辨，"人面"看上去更像人工建筑。卡罗特也承认这只是偶然的证据，却不是更为有力的证据。不管怎样，我们相信，终有一天会揭开这所有的谜底。

火星"人面石"

多少年来，人们一直幻想着"火星人"的存在。但实际上，火星远不具备地球上的生存环境，这里的大气极其稀薄，只相当于地球 3 万米高空的大气；同时，大气成分以二氧化碳为主，而且异常干燥。火星的气温非常低，赤道地区全年平均气温仅达到-15℃；春季的大风暴异常猛烈，可在火星上空形成经久不散的、面积极大的"大黄云"。火星表面类似月球，环形山密布，大约有几万座。

人类的努力探测尽管未能发现"火星人"的现实踪影，但从"人面石"到金字塔等古建筑物的发现，已经表明火星上确有文明遗迹的存在，而最先为揭示火星文明的秘密提供证据的是美国发射的火星探测器"维京 1 号"。

1976 年 7 月 31 日，"维京 1 号"拍下了著名的火星表面照片，这就是火星"人面石"照片。从照片上看，一处巨大的建筑犹如五官俱全的人脸仰视长空。该照片受到了美国宇航局的重视，为此还成立了由 3 名技术人员组成的专门研究小组，来分析这令人惊叹的画面，以鉴别它是否属于自然侵蚀或自然光影所致。

专门研究小组成员采用计算机最新的处理技术火星"人面石"照片进行分析。他们认定："人面石"修建在一个极大的长方形台座上，有轮廓分明的鼻

子以及左右对称的眼睛，还
有略微张开的嘴巴。"人面
石"的面部全长 2.6 千米，
宽度为 2.3 千米。

美国宇航局共存有 6 张
火星"人面石"的照片，这
是当初"维京 1 号"在不同
的时间、从不同的角度拍摄
的同一物体。此外，从这些
照片上还发现了类似金字塔的火星古建筑和其他形状的一些建筑。

门森德·伊比特罗是美国宇航局电子工程技师，也是专门研究小组的成员
之一。他在介绍对火星"人面石"的检测情形时说："眼睛部分里面有瞳孔。
用计算机进行处理分析，发现眼睛的内部面积很大，越往外越狭小，能明显地
看出刻有半球似的眼珠。更有趣的是，仔细一看眼睛下方还刻有像眼泪似的东
西，这意味着什么就不得而知了……"

专门研究小组对于"人面石"照片上出现的塔形物体和排列在其附近的人
工建筑物，也进行了放大处理和仔细分析。分析结果表明，火星上的金字塔和
埃及金字塔相同，都是面向正北方修建的。研究人员还在照片上发现，在类似
古代都市遗迹的建筑物和金字塔群附近，有人工修建的城堡似的墙壁向前延伸，
其墙壁的一面长达 2 千米，呈 V 字形耸立。从形式上看，就像地球上的古城堡
似的，但是不知用途何在。

对于火星上出现人工建筑物的事实，由于已有向公众公开过的火星"人面
石"照片为证，是不容否认的。由此看来，火星上曾经有过智能生物大规模的
文明活动。那么，这些智能生物究竟源于火星本土，还是来自于火星之外的世
界呢？对此，没有任何可供追究与探索的凭据，唯一能肯定的一点是火星的自
然环境曾经发生过不可逆转的悲剧性演变。

据美国宇航局的科学家们调查分析，在距今 5 亿年前，火星上不仅有辽阔

的海洋和大陆，而且空气同地球上一样湿润，空气成分也同现在的地球基本相同，因此很可能存在与人相似的生物。在一次记者招待会上，美国宇航局艾姆斯研究中心的火星问题专家说："火星上的水比人们料想的要多得多，足够填满一个 10 米至 100 米深的海洋。而且火星上也有类似地球上的季节变化。"尽管对于有关火星残存生态环境的情报，美国与苏联都采取了秘而不宣的态度，但既然美国科学家已说明在火星上发现了大量水的存在，那么显而易见，作为水的载体，河流海洋以及其间鱼类等生物的存在，也就不是不可能的了。

1989 年，瑞士天文学家帕沙向报界披露了有关火星"人面石"的新的内幕消息：火星上的巨型人面建筑是一种"报警器"，它的内部装有一部电视发射机，它至少在 50 万年前就开始向地球不断地发出一种不祥的警告。据说，该电波显示了数以 10 万计的人死在街上的惨景，似乎表明火星曾蒙受了一场灭顶之灾，使得火星人个个面黄肌瘦并死于饥饿和干渴。

这是耸人听闻吗？对此，美国宇航局成立的火星"人面石"特别研究小组成员认为：古代火星人的灭亡可能确实是由于遭遇到了某种灭顶之灾，而这种灾难来自于大气臭氧层的破坏。门森德·伊比特罗结合地球南极出现臭氧空洞的实际情况说："臭氧层一旦破损，来自太阳的有害紫外线就会直接射到地球上，地球上的生物就会患上皮肤癌，也许很快就会死亡。而更可怕的是，这些有害的紫外线会把水分解成氢和氧。结果，分量轻的氢气会逃往宇宙空间，长此以往，水就会消失；而留下的氧会使土地酸化，使地表的颜色变红。火星上那人脸一般的人工建筑的眼泪，也许就是向整个宇宙生物发出的警告。"

格里吉利·林耐尔也认为："如果现在我们人类不立即停止排放废气，防止臭氧层遭到破坏，那么，我们不久就会走向与火星相同的命运。"

无须赘言，火星巨型人面建筑的眼泪及古老的电波显示，既是对昨日火星不幸灾变的纪念，也是对今朝地球可能命运的警示。为了防止地球文明重蹈火星文明的覆辙，我们人类必须对此有所准备。

火星会有生命存在吗

1965 年 7 月，美国宇航局首次成功发射"水手 4 号"太空探测器，近距离地飞过了火星，并且向地球发回了 22 幅黑白图像。这些图像显示：这颗神秘的星球上处处是令人触目惊心的深坑，并且显然和月球一样，是个完全死寂的世界。

在伤痕累累的火星地表之下，有可能生存着最低级的、类似细菌或病毒的微生物有机体。另一些科学家虽然感觉到火星上现在根本不存在生命，但并不排除火星上曾经出现过"生物繁盛"时代的可能性。

这些争论的范围不断扩展，其中的一个关键因素就是：从到达地球的火星碎片或岩石当中，是否找到了一些可能存在过微生物的化石，是否找到了生命现象的化学证据。这个证据，必须连同对生命过程进行的那些肯定性试验结果一同被认定下来。"海盗号"登陆车就曾经进行过此类试验。

"海盗号"上的质谱分光仪并没有探测到火星上有任何有机分子，这个事实受到格外的重视。不过，莱文后来证明：这个探测器上的质谱分光仪的工作电压严重不足——在一个标本里，它的最小灵敏度是 1000 万个生物细胞，而其他正常仪器的灵敏度却可以下降到 50 个生物细胞。

火星上冷得可怕——各处的平均温度为 -23℃，有些地区则一直下降到 -137℃。火星上能供生命生存的气体极为匮乏，例如氮气和氧气。此外，火星上的气压也很低，一个人若是站在"火星基准高度"上（所谓"火星基准高度"，是科学家一致确定的一个高度，相当于地球上的海平面），他感受到的大气压力相当于地球上海拔 3000 米高度上的压力。在这些低气压和低温之下，火

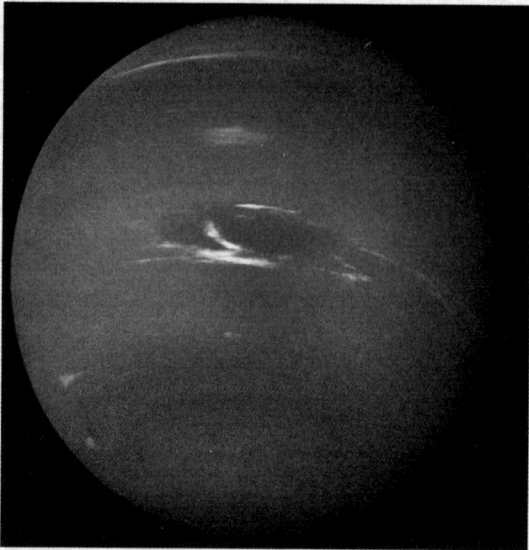

星上即使有水存在，也绝不可能是液态的水。

科学家们认为，没有液态水，任何地方都不可能萌发生命。假如这是正确的，那么火星过去和现在存在着生命的证据，就必然明显地意味着火星上曾经有过大量的液态水——我们将看到，有无可辩驳的证据能够证明这一点。火星上的液态水后来消失了，这也无可置疑。但是，这并不意味着任何生命都不能在火星上存活。恰恰相反，最近一些科学家发现，并经过实验证明：生命能够在任何环境下繁衍，至少在地球上是如此。

1996 年，一些英国科学家在太平洋海底 4000 多米的地方进行钻探，发现了"一个欣欣向荣的微生物地下世界……（这些）细菌表明：生命能在极端的环境里存活，那里的压力是海平面压力的 400 倍，而温度竟高达 170℃"。

不难想象，在火星上有可能存活着同一类生物，它们也许被封闭在 10 米厚的永久冻土层当中。

也许，在人类踏上火星之前，关于火星上是否有生命的问题永远都不会有一个明确的答案，这个问题还需人们长期的研究与探索才能揭开它神秘的面纱。

探秘火星世界

惊人"大尘暴"

在一年中的大部分时间里火星是宁静而美丽的。太阳从火星上空升起又落下,显得有些苍白,火星的天空呈现出奇异的粉红色,显得绚丽多彩。

但是在季节变换的日子里,火星却异常躁动不安,常常刮起狂风,扬起漫漫尘土,这是火星独有的尘暴现象。整个火星一年中大约有1/4的时间笼罩在无边无际的狂沙之中,一次尘暴可持续几十天时间。

水手大峡谷

水手大峡谷是一个山谷系,是火星坚硬表面断裂造成的,峡谷规模之大极为罕见,可以和地球上的东非大裂谷相媲美。它们的垂直深度达7千米,宽度约200千米,能容纳100千米宽的大滑坡。与地球上的峡谷相比,水手大峡谷不是由于河水的长期侵蚀作用造成的,它们是在风和尘埃的作用下经过几十亿年的侵蚀而形成的。

火星的"奥林匹斯山"

奥林匹斯山是太阳系中最高大的山脉,高达20多千米,是一个盾形火山,

跟夏威夷群岛上的火山相似。山峰上的火山口中有多个陨石坑，其直径达80千米。奥林匹斯山的山坡由几十亿年的巨大熔岩流形成，它的倾斜度有4°。阿尔西亚山尽管没奥林匹斯山那么高，但它有更宽大的顶峰，直径几乎达140千米。火星的另外一个阿耳巴火山尽管只有几千米高，但它的底部直径达1600千米。

火星两极

火星有少量的水，大部分形成火星两极冰冠的一部分。"水手9号"的红外线辐射计测出在火星赤道上中午的气温可高至17℃，在火星两极地区子夜可低至-140℃。在远日点，即火星距太阳最远时，火星的南半球是冬季。火星上南半球的冬季比北半球的冬季要冷。南半球冬季的冰冠一直延伸至南纬55°，北半球冬季的冰冠却只到达北纬约65°。

现代人对火星的猜想

1877年，是火星最接近地球的日子——火星大冲。意大利米兰天文台台长斯基帕雷经过对火星的多次观测，在火星表面发现了许多线条状的东西，他称之为"水道、水渠"。此消息被英国报刊转载后，"水道"却演绎成了"运河"，一时间人们纷纷猜测在火星上是否存在智慧生物，是否是他们在火星表面开凿了运河。

火星与地球

除了地球之外，还有其他的星球存在着生命吗？人们的眼光从月球投向了金星和火星。

火星不但是地球的邻居，而且是与地球最为相似的一颗行星，就像一对孪生兄弟，有着极为相似的特征，这些特征包括：

火星也是一个固态的行星。

火星比地球略小。

火星的自转周期与地球相似。

火星上也有大气，只是非常稀薄。

火星也有卫星。

火星自转轴与火星轨道平面的垂直方向相交成24°夹角，地球的这一倾角是23.5°。

因而火星表面也有相应的四季变化，当然，火星每个季节持续的时间比地球上长将近一倍，因为火星每687天绕太阳转一圈，差不多是地球上两年的时间。

火星也有两个白雪皑皑的极冠。这两块白色区域冬季增大，夏季消融缩小，地球也是一样，两极也有大量冰块，也是两顶极冠分别在夏、冬季有消长。

一个"死亡"世界

火星探测器显示给我们火星表面是一片荒凉、寒冷又死寂的世界。

火星上天气极其寒冷。根据1997年美国"火星探路者"探测的最新成果报道，"探路者"对大气层曾进行一整天的测定，那里白天气温13.3℃，夜晚气温−76.1℃，昼夜的温度变化达到90℃。

火星的天空有云却不会下雨。在黎明前火星的天空最有生气，有粉红色和蓝色的云，但太阳一出来，就云开雾散了。云层的主要成分是尘埃，蓝色的云含有冰水，大约形成于距地面16千米的高空。

大气特有的现象是尘暴。每年火星上大约有100次地区性尘暴，全球性的

尘暴更是铺天盖地，横扫一切。这样的大尘暴从一个地区开始数天之内席卷全球，尘埃高达几千米，遮天蔽日。

红色是火星的主导颜色。这是因为土壤中含铁量甚高（12%），而地球上土壤含铁低（5%），含铝较高。厚达20米的火星风化土层因含氧化铁而呈红色，并有2米厚的氧化硫，这么厚厚一层"铁锈"般的土壤铺在火星上，火星想不红也难。

木星能取代太阳吗

在太阳系行星的家族中，木星可谓是鹤立鸡群了，它的体积和质量分别达到了地球的 1320 倍和 318 倍。此外，它还有个与其他行星不相同的特点：它是一颗发光的行星，有自己的能源。通常，在人们的认识中，行星不能自己发光，只能依靠反射太阳的光线而发光。近些年来，通过对木星的研究，科学家们证实，木星正在把巨大的能量不断地向周围的宇宙空间释放，它释放的能量，两倍于它从太阳那里所获得的能量，说明木星有一半的能量来自它的内部。

"先驱者 10 号"和"先驱者 11 号"飞船探测的结果显示，液态氢构成了整个木星，它同太阳一样，没有坚硬的外壳，主要是通过对流形式来实现能量的释放。

苏联科学家萨利姆·齐巴罗夫和苏奇科夫认为，木星的核心温度已达到 280 000K（开氏度）之高，热核反应还在其内部继续进行。木星不仅把自己的引力能转换成热能，还不断吸收太阳释放的能量，这就使它的能量越来越大，且热度越来越高，并使它达到了它现在的亮度。从木星目前的发展趋势来看，它很可能成为太阳系中与太阳相差无几的第二颗恒星。30 亿年以后，太阳到了晚年，木星很可能取代太阳的地位。

也有科学家提出，木星要想取代太阳的位置，时间还很长，虽然它在行星中是最大的，但跟太阳比起来，还是太小了，其质量也只有太阳的 1/1000。恒星一般都是熊熊燃烧的气体球，木星的组成物质却是液体状态的氢，不具备形成恒星的物质构成。虽然木星是一颗自身能发光的星体，但与恒星相比，这根本就算不了什么。所以有人说，从严格意义上来说，木星不能称为真正的行星，更不是严格意义上的恒星，而是介于行星和恒星之间的特殊天体。

木星的研究仍会继续下去，它是否会取代太阳这仍是个非常长久的话题。

太阳系最大的行星——木星

木 星 带

通过望远镜或者照片，我们看到的木星呈扁平状，而最引人注目的，是木星顶部云层的那些云雾状的醒目条纹。明暗相间的条带，大体规则又有所变化，而且都与赤道平行。这些条带都是木星的云层，而且是木星顶部云层。木星被浓密的大气包围得严严实实，我们还不知道这层大气有多厚，估计大约有1000多千米厚。

木星快速自转，云就被拉成长条形。浅色的带是木星大气的高气压带，温暖的气流在带里上升，呈现出白色或留在带里下降，呈现出红色和橙色。大气之所以不易跑掉，就是因为木星有巨大的吸引力能够束缚住漂泊不定的气体。

木星大红斑

木星除了色彩缤纷的条和带之外，还有一块醒目的标记，从地球上看去是一个红点，仿佛木星上长着一只"眼睛"。它的形状有点像鸡蛋，颜色鲜艳夺目，红而略带棕色，有时看又呈现出鲜红的颜色，人们叫它大红斑。

大红斑十分巨大，它的南北宽度保持在1.4万千米左右，东西方向上的长度在不同时期也有所变化，最长时可达4万千米。也就是说，从红斑东端到西端，可以并排放下3个地球。一般情况下，大红斑长度在2000~3000千米，在木星上的相对大小，就好像澳大利亚在地球上那样。

大红斑的颜色常常是红而略带褐色，偶尔也有变化。20世纪20年代到20世纪30年代，大红斑呈鲜红色，前所未有的美丽夺目。1951年前后，红斑也曾出现淡淡的玫瑰红颜色，大部分颜色比较暗淡。近年来，科学家们发现，那是一团激烈上升的气流，即大气旋，不停地沿逆时针方向旋转，像一团巨大的高气压风暴，每12天旋转一周。这团巨大风暴气流可谓"翻江倒海""翻天覆地"。从人类认识它以来狂暴地旋转了3个多世纪，真让人咋舌，简直可以说是一场"世纪风暴"。那么，它是靠什么法力能长盛不衰、长期肆虐呢？

原来，大红斑凭自己的"本领"占尽地利之便。巨大的旋涡夹在两股向相反方向运动的气流中，摩擦阻力很小。如果大红斑比现在要小得多，那么"阻碍"力量便相应的要大得多，这团风暴要不了多久便会平息。

大红斑不是独霸木星的风暴，它还有一些小"兄弟"。"先驱者10号"于1973年12月也发现过小红斑，其扩大程度直逼大红斑。然而，"先驱者11号"1974年12月再次飞过小红斑时却发现它已经消失了。小红斑从形成到消逝，只用了短短两年时间，规模也只与地球上的风暴差不多，这跟大红斑不能相比。因此有人认为大红斑长久不息应该还有别的原因。

木星的卫星群

在西方传说中，木星的卫星都是宙斯的情人。木星的卫星分成三群，其中木卫五和四个伽利略卫星是最靠近木星的一群，它们都在木星的赤道面上沿圆形轨道顺行，是规则卫星。其余的卫星都是不规则卫星，但又可分为两群。离木星稍远的一群卫星——木卫六、木卫十等顺行，离木星最远的一群——木卫九、木卫十二等都是逆行卫星。木星的卫星数目在不断地增加，现在我们所知道的木星的卫星已达 48 个。

木卫一（伊奥）比月球略大一点，组成上更接近类地行星，主要是硅酸盐类熔岩。它中心的铁核半径至少有 900 千米，也可能混有硫化铁。木卫一的表面非常年轻，有数百个火山口，包括很多活火山。木卫一表面的平均温度约为 −143℃，但有些特别热的热点可高达 1227℃，这些热点是木卫一发散热量的主要机制。木卫一可能拥有自己的磁场。木卫一有稀薄大气，以二氧化硫为主，也可能还含有其他气体，没什么水或根本不含水。

木卫二（欧罗巴）比月球略小一点。它主要由硅酸盐类岩石质组成，有一层薄薄的冰水覆盖在表面。木卫二有着非常平坦的表面，影像中的一些突出物可能只是反照率差异或是一些低矮的地形起伏而已，撞击坑极少。木卫二的表面很像是地球上的海冰，因此在它的表冰之下可能有液态水，也许可深达 50 千米。在其表面上最显著的特征就是一连串的暗纹布满了全球，最新的解释是由一连串的火山或喷泉所造成。木卫二有由极稀薄的氧气组成的大气。

木卫三（加尼美得）是太阳系中最大的卫星，体积比水星还大但质量仅约为其一半。木卫三有一个铁质或硫化铁的小核，其外是硅酸盐类熔岩，最外壳是冰。木卫三的表面混杂着两种地区：一种是很老、多坑洞的暗区；另一种是稍年轻的、有沟脊罗列的亮区。和月面或水星表面相比，它要平坦得多，它的坑洞没有环脊及中心凹陷。木卫三有极其稀薄的大气，由氧气组成，其来源也同样是非生物性的，木卫三还有磁场。

木卫四（卡利斯托）只比水星小一点，但质量仅及其 1/3。木卫四的内部组成是渐变的，岩石的比例越往核心越高，整体而言，冰占 40%，而岩石和铁质占 60%。木卫四拥有太阳系目前已知最老、坑洞最密的表面。虽然大小相近，木卫四的地质史要比木卫三简单得多。它有稀薄的大气，主要成分是二氧化碳。

土星世界

明亮的"项圈"——土星环

在美丽的行星世界里，木星和天王星都有光环环绕，仿佛是行星的明亮项圈。但还有一颗行星的"项圈"更为璀璨耀眼、壮观亮丽。

在望远镜里，我们可以看到3圈薄而扁平的光环围绕着土星。说到土星光环的发现，不得不提到伽利略。他的自制望远镜捕捉到的土星两边的侧面好像有小星忽闪不定，变幻莫测，但直到他去世，也没弄明白这到底是怎么回事。他万万没想到他正是第一个发现土星光环的人。

半个多世纪以后，荷兰天文学家惠更斯用更大更好的望远镜看到了土星光环。惠更斯认为，土星的光环形状是不断变化的，当我们恰好从它侧面看过去时，薄薄的光环仿佛就隐没不见了。

后来，科学家又发现土星光环分为好几层。卡西尼是17世纪末、18世纪初意大利的著名天文学家。1675年，他在土星光环中发现有一圈空隙。在质量稍好一点的土星照片上，这个缝隙是很清晰的。他所发现的这个缝隙，后来被命名为"卡西尼环缝"。这个环缝把光环分成外环（A环）和中环（B环）。

1850年，注意到B环内侧还有暗环（C环），在非常清晰的照片上看到的C环只是稍微暗一点。

由A环、B环、C环构成了光环的主体，分别叫外环、中环、内环。

1966年，人们又发现了C环内侧更暗的D环。

1969 年，发现了 A 环外侧又有一层 E 环。

D 环几乎向内触及到土星表面，E 环延伸到 5 ~ 6 个土星半径以外。

1979 年，"先驱者 11 号"发现 A 环外还有新环——F 环。

1980 年，"旅行者 1 号"又发现了 G 环，地点在远离土星中心 10 ~ 15 个土星半径的广阔空间。

土星环的环数不断增加，越来越多……

"旅行者 1 号"和"旅行者 2 号"在远征太阳系的旅途中飞越土星，发现了土星光环鲜为人知的内在秘密。

土星光环是环环相套的，有成千上万个，看上去就像一张硕大无比的密纹唱片上那一圈圈的螺旋纹路。

土星光环结构复杂，千姿百态，让人眼花缭乱。卡西尼环缝不是中空的，在环缝中密密地排着 20 多条细环，每个环又包括若干细环。A 环、B 环、C 环是由几百乃至上千条细环所构成的，F 环至少由 3 条细环所构成，其中两条像女孩的发辫一样相互扭结着。大部分的光环是光滑匀称的，但还有的环是锯齿形状的，有的环如辐射状等。

所有的环都由大小不等的碎块颗粒组成，大小相差悬殊，大的可达几十米，小的不过几厘米或者更微小。由于它们的外面都包有一层冰壳，因此在太阳光的照射下，形成了动人的明亮光环。

又宽又薄，是土星光环的另一个明显特征。

土星环延伸到土星以外辽阔的空间，最外环距土星中心有 10 ~ 15 个土星半径，土星光环宽达 20 万千米，可以在光环面上并列排 10 多个地球。

另外，土星光环又很薄。透过土星环，我们还可见到光环后面闪烁的星星，土星环最厚估计不超过 150 千米。所以，当光环的侧面转向我们时，远在地球上的人们望过去，150 千米厚的土星环就像薄纸一张——光环"消失"了。每隔 15 年，光环就要消失一次。

奇异的土星光环位于土星赤道平面内，与地球公转情况一样，土星赤道与它绕太阳运转轨道平面之间有个 27° 的夹角，这个倾角造成了土星光环模样的变

化。我们会一段时间"仰视"土星环，一段时间又"俯视"土星环，这些时候的土星光环像顶漂亮的亮边草帽。另外一些时候，它又像一个平平的圆盘，或者突然隐身不见。

美丽而神秘的土星光环给人们带来了太多的猜测与遐想。组成光环的这些物质，是来自土星诞生的遗物还是来自土星卫星与小天体相撞后的碎片？土星环为什么有那么奇异的结构呢？这些都是有待科学家们研究和探讨的难题。

卫星家族

土星的卫星共有 23 个，是太阳系当之无愧的卫星大家族。

在众多的围绕土星的卫星中，最外面的一颗是土卫九。土卫九到土星的平均距离是 1300 万千米，相当于月球到地球距离的 35 倍，绕土星运行一周需费时 550 天。土卫九不仅最远，它还沿着"错误方向"运行，是逆行的，在众多卫星兄弟们整齐统一的前进方向中特别"别扭"。太阳系绝大多数卫星围绕中心行星运行的方向，都与这些行星的自转方向相同，行星也以这个方向绕太阳运行。然而土卫九却是少数几颗反其道而行之的卫星之一，看上去就像是它围绕土星向后面退行。

距土星最近的是土卫十五，它与土星距离约 13.7 万千米，只有月球到地球距离的 1/3，仅为卫星到土星中心的 2.3 个土星半径；公转周期也短，只有 0.601 天，换句话说，绕巨大的土星转一圈，半天多一点就足够了。

有趣的是，23 颗形形色色的卫星，并不是都有资格拥有专用轨道的。土卫四和土卫十二、土卫十和土卫十一都分别同处一个轨道，而土卫三、土卫十六和土卫十三则三星共轨。土星卫星和光环也很有"缘"，土卫十三和土卫十四就分居 F 环的里侧和外侧，把光环夹在中间，它们像牧羊人保护羊群一样，由此得到一个动听的名字——"牧羊人卫星"。

土卫八是一颗顺行卫星。一些科学家认为，大约在 1 亿年前，土卫八被彗星撞击，导致水分消散了，但在以后的 100 万年里，暗物质重新聚集到前半球上⋯⋯

至于土卫八的真面目是怎样的，还有待于天文学家们的继续探索。我们也期待将来有更多的宇宙飞船探测土星，能解开庞大的土星世界的谜团。

彗星的传说

自古以来，偶尔现身的彗星就被抹上了神秘恐怖色彩。我国民间叫它"扫帚星"，认为它会给地球带来灾难、饥饿、战争。当著名的哈雷彗星在 1066 年出现时，正是法国诺曼底公爵威廉率兵准备入侵英国的时候，后来一举获胜，建立了诺曼底王朝，威廉公爵夫人为了纪念这次胜利，将当时的情景编织在一幅挂毯上，图中一方是一群诺曼底人指着彗星露出胜利微笑，另一方则是英国的哈罗德王坐在王位上望着头上彗星，惊恐万状。

但是，埃德蒙·哈雷却不相信这些迷信传说，他曾担任过格林尼治天文台台长。1682 年，他 26 岁的时候，亲眼见到了那颗以他名字命名的彗星，他利用牛顿的彗星轨道计算方法，分析了 1337 — 1698 年以来有观测记录的 24 颗彗星轨道，发现其中 1531 年、1607 年和 1682 年的三颗彗星在出现方法、运行轨道和时间间隔上有着惊人的相似，遂于 1705 年断定这几颗彗星是同一颗彗星的反复出现，并预言，这一彗星将在 1758 年再度出现在空中，并且每隔 76 年将出现一次。后来，哈雷的预言得以证实，该彗星在 1758 年的圣诞之夜果然再次回归，遗憾的是哈雷已于 16 年前与世长辞，无缘与它会面了。为纪念哈雷的功绩，这颗彗星就被正式命名为"哈雷彗星"，这也是人类第一次预报归期的彗星。

20 世纪哈雷彗星有两次回归，第一次是 1910 年 5 月，地球在哈雷彗星庞大的尾巴中逗留了好几个小时，亮度如同火星，让人大饱眼福。第二次，1985 — 1986 年，就远不如上次壮观，直到 1986 年三四月份，人们才在南半球上空一睹尊容。

这两次回归，使哈雷彗星风靡全球，家喻户晓。中国著名天文学家张钰哲说："哈雷彗星 1901 年回归时，我是 8 岁学童。彗星横扫天际的奇景，深深打动了我。这个最初的印象对于我以后转学天文并从事小行星的观测研究起了作用。"

对于最关注彗星回归的天文学家和天文学界来说，又是怎样一幅情景呢？

奇妙的白矮星

1996 年 2 月，一位日本天文爱好者在室外追踪彗星时，突然发现一颗亮星出现在人马座里，像火炬一样闪耀辉光。这位名叫樱井的爱好者以为自己发现了新星，按照国际惯例，他立即向国际天文协会作了报告。

樱井的发现很快在世界范围内传播开来，天文学家们纷纷把望远镜指向人马座天空。的确，这是一颗新发现的星。在大西洋东北部群岛上的望远镜很快看到了它，在美国德克萨斯天文台的大望远镜拍到了它的光谱，智利的望远镜也观测到了。为了表彰樱井的成绩，国际天文协会将它被命名为"樱井星"。

于是研究者纷至沓来，随着研究的深入，樱井星的新星资格出现了信任危机。新星是一种特殊天体，它的亮度只在几天内增加几百倍到几十万倍，几个星期后逐渐变暗，最后恢复如初。而樱井星在几个星期后依然光辉灿烂，耀眼闪光，两年以后，天文学家还能在它周围的微弱气体中观测到余晖。分析表明，这是一颗温度为 6000℃、大小与地球差不多的白矮星，它的光是由濒临死亡的星收缩产生的。

白矮星是体积小，光度暗，颜色白而带蓝的星，是恒星世界的"侏儒"。因为它白而小，所以叫它白矮星。它的直径同我们地球差不多，质量却有太阳

那么大，是一种密度很大的星。

白矮星收缩到地球大小时，突然膨胀开来，并且继续膨胀下去，像正在充气的气球一样，成为体积很大，腹内空空的红巨星或红超巨星。樱井星在两年内膨胀到 100 个太阳大小，成为星星世界的庞然大物。到 1998 年底变成一颗冷而亮的红超巨星，直径约有 150 个太阳直径大。这时，它里面继续收缩，外面继续膨胀，外壳与内核逐渐分离。膨胀的外壳变成云雾状的"行星状星云"，留在星云中心的恒星内核经过一番"脱胎换骨"改造后，变成隐没在它自己抛出的碎片和尘埃云中的白矮星。

樱井星在星际尘埃中悄然"消失"后又复活了，并且踏上新的征途，演出一幕惊心动魄的"活报剧"：以每秒数百千米速度向空间吹出气体。这出"戏"吸引了不少天文学家，他们一方面用大望远镜观看它精彩的"表演"；一方面探索它起死回生的"还魂术"。或许有人以为它是宇宙怪胎吧？其实，樱井星绝不是浩瀚宇宙中的稀有之物，而有它的"同志加兄弟"。据天文学家估计，宇宙中约有 20% 的小质量恒星在走向自己坟茔的过程中可以运用"还魂术"起死回生。因为恒星是在核反应中，"燃烧"自己体内的氢来维持生命，所以恒星的"还魂术"就是依靠对流过程把它周围的氢"翻腾"到核心区域进行核反应。在这个反应过程中，生成物愈来愈重。因此这种星的周围缺乏氢元素而富含重元素。目前在银河系中，像这样周围缺乏氢的白矮星至少有 5 个，它们都在过去某些时候死而复生过。表面上看，浩繁的银河系中只有 5 颗死而复生的星，数目并不多。其实，情况并非如此，只是它们复活的时间短促，我们没机会看到罢了。

第六章

神秘的宇宙奇观

在茫茫的宇宙中，充满了无数让人惊叹不已的奇观。这些奇观有些是我们自身感官上的误差所造成，有些是我们还不了解的秘密。随着科学的发展，我们总会逐步地解释它们，但是谁造就了如此绚丽的奇观呢？这永远值得深思。

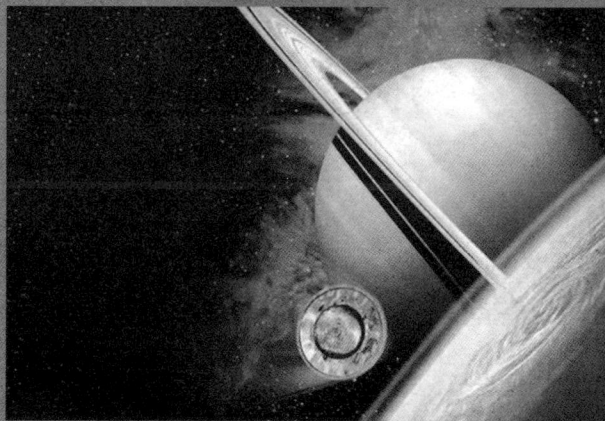

太阳会"死亡"吗

　　万物生长靠太阳，太阳是人类生命的源泉。没有太阳就不会有人类，这是人类的共识。科学家说太阳还能照耀50亿年。50亿年之后呢？如果没有太阳，人类还会存在吗？难道太阳熄灭之时就是人类的末日吗？我们想，就要看那时人类的生存智慧了。

　　太阳，每天赐给我们光明，并且从很远的地方给我们送来温暖。因为有了它，地球才充满生机。

　　太阳是银河系里离我们最近的恒星，这颗最近的恒星相距我们1.5亿千米。这样长的距离，如果是时速1400千米的超音速飞机，也要连续飞12年才能到达；如果乘坐时速200千米的高速列车，需要花86年时间，也就是说，一个婴儿坐上这趟列车的话，到达太阳时也只能安度晚年了；如果是步行，即使日夜兼程，也要走上4千年。光速是很快的，每秒即30万千米，可以绕地球7周半，但是光从太阳那里照射到地球也需要8分19秒。

　　如此遥远的太阳，对地球这颗行星来说却是远近适中的。如果近若金星，表面温度灼热惊人，海洋都会蒸发得滴水不剩；如果远如冥王星，只是一片冻僵的世界，无论如何也不可能成为现在的地球，不可能有生命的出现，不可能有生机盎然的世界。

地球每分钟在每平方厘米的土地上能得到太阳输送的 2 卡路里的太阳热量，对整个地球来说，每分钟太阳放出相当于燃烧 4 亿吨煤的热量。而这么多的热量，仅仅是地球表面得到的，它只占太阳辐射出总能量的二十二亿分之一，即使是这样，这些热量也比世界的发电量高出好几万倍。在盛夏季节，炽热的太阳还是令人望而生畏，人们会想方设法来避暑。

奥地利物理学家斯特凡总结出辐射和温度的关系，从而得知太阳表面温度达 5500℃，太阳中心可高达 1500 万摄氏度，真令人难以想象。英国天文学家金斯是这样说明高温的惊人程度的：如果在太阳中心取别针大小的一块放到地球上来，那么站在地球 150 千米远的人都不能幸免于难，他会被烧死。

这样炽热的天体简直像团燃烧的火球，然而是什么东西可以旷日持久地燃烧达 50 亿年呢？据科学家推测，太阳寿命约 100 亿年，现在正处于中年时期，也就是说太阳光照射了 50 亿年，并还将一如既往地照耀 50 亿年。

太阳是否存在伴星

自从科学家通过先计算后观测的方法发现海王星之后，也想用这种方法去发现太阳的附近有没有新的星球，因为唯有如此，天文学中的一些矛盾现象才可以得到合理的解释。到底有没有，能不能发现呢？太阳伴星是人们假设出来的一颗红矮星或棕矮星，距离太阳 50 000～100 000 个天文单位，并以复仇女神的名字来命名。

太阳可能存在伴星的理论最先由 Richard. A. Muller 提出，因他发现地球上出现大灭绝的时间是有周期性的，他提出每隔约 2600 万年有一次，试图去解释大灭绝的周期性。

该伴星推断其公转周期为 2600 万年，在经过奥尔特云带时，干扰了彗星的轨道，使数以百万计的彗星进入内太阳系，从而增加了与地球发生碰撞的机会。

现时，尚未有证据证明太阳存在伴星，也使得地球的周期性大灭绝原因饱受争论。Matese 和 Whitman 则指出，周期性大灭绝的原因并不一定是太阳存在伴星，并提出可能是因为太阳系在银河系平面上下摆动，并会摄动奥尔特云，其影响与伴星存在的假设相似，但其上下摆动周期仍有待观测。

在天文学上，一般把围绕一个公共重心互相作环绕运动的两颗恒星称为物理双星；把看起来靠得很近，实际上相距很远、互为独立（不作互相绕转运动）的两颗恒星称为光学双星。光学双星没有什么研究意义。物理双星是唯一能直接求得质量的恒星，是恒星世界中很普遍的现象。一般认为，双星和聚星（3~10 多颗恒星组成的恒星系统）占恒星总数的一半多。太阳作为一颗较典型的恒星，它是否也有自己的伴侣——伴星呢？或者说，它是否也属于一种比较特殊的物理双星呢？近几年来，这是科学家非常关心的问题，这个问题是由地球上物种灭绝问题提出来的。

"宇宙元老"——矮星系

近年来，天文学家表示美国航空航天局在很短的时间内，在巨大古老的星系中观察到了很多以前不为人知的矮星系。尽管矮星系的天体在整个宇宙当中属于较小的天体，但是，矮星系在宇宙进化当中起到了至关重要的作用。天文学家称也许宇宙中最先形成的就是矮星系，而且是矮星系构成了大的星系。

迄今为止，矮星系是宇宙中最多的星系，天体也是宇宙中最多的，是它们组成了最基本的宇宙。宇宙进化的电脑模拟图也显示了宇宙中矮星的超高密度，就像此次观察到的矮星一样，在古老巨大的星系中矮星的数目也许比天文学家预想的要多得多。

天文学家希金斯研究小组利用先进望远镜对整个后发座星系团宝瓶座矮星系进行了细致的研究，后发座星系团是一个巨大的由很多星系共同构成的集合体。它包括了数百个以前不熟悉的星系，跨度达到了 20 万光年。希金斯和他的研究人员利用精确的高科技望远镜采集的数据研究不同地域星系的数目对宇宙进化所产生的巨大影响。希金斯研究小组发现了大约 3 万个天体，这些天体的数目对于天文学家来说是非常有用的。

　　有些天体和星系是位于后发座星系团中的，但是研究小组也认识到有些飞行物也是星系的一部分，但那不是星体。后研究小组利用在西班牙的威廉射电望远镜测量出了在这一区域内数百个星系之间的距离并且利用数据估计了哪些飞行物是属于星系的。天文学家发现了一个令人惊奇的现象，在后发座星系团中多出了许多天体，它们的大小和银河系中第二大的星系一样巨大。希金斯由此判断也许是 1200～30 000 个矮星在后发座星系团里，而且很多都是以前没有发现的。希金斯表示，所有观察到的这些只是一小部分，最后的结果可能是矮星系的数目最少也有 4000 个。天文学家称现在之所以得到这些数据是由于人类利用现有的工具能够更有效地研究整个宇宙。现在由于天空比以前暗了许多，所以能利用红外线观测到更远更小的天体或者星系。希金斯在出席一个在夏威夷召开的天文学会议时指出，利用高科技望远镜，现在人类可以观察到以前受技术所限而观测不到的上千个星体。

　　希金斯还表示宇宙中的矮星也许不是最重要的研究对象，但是下一步的主要工作还是继续对矮星以及矮星系进行进一步的研究和探索。并且对后发座星系团中的奇怪现象也要继续深入调查，矮星在其中的作用和数目还不尽翔实。希金斯的研究小组准备利用一种分光镜测量法计算出后发座星系团中到底有多少小星体或者小星系是属于后发座的。

"小绿人"的波折

1967 年，一位年轻的女天文学家贝尔，从天空中探测到了一种快速闪烁的射电波。这是人类第一次收到来自太空的信号，因此有一段时间，人们相信这种射电波来自太空中的智慧生物，科学家还给他们起了一个名字——"小绿人"。但科学家很快发现，这种射电波很有规律，每秒钟都不多不少地出现 33 次。这种没有变化、死板呆滞的信号，不可能是智慧生物发出的，"小绿人"很可能根本不存在。

1969 年，科学家又意外接收到了类似的射电波，并确认它是从蟹状星云中发出的。而这个星云来自 1054 年的一次超新星爆发。会不会是爆炸之后留下的东西在和我们联系呢？经过观测，科学家们确定，在星云的中心有一颗很小的中子星。

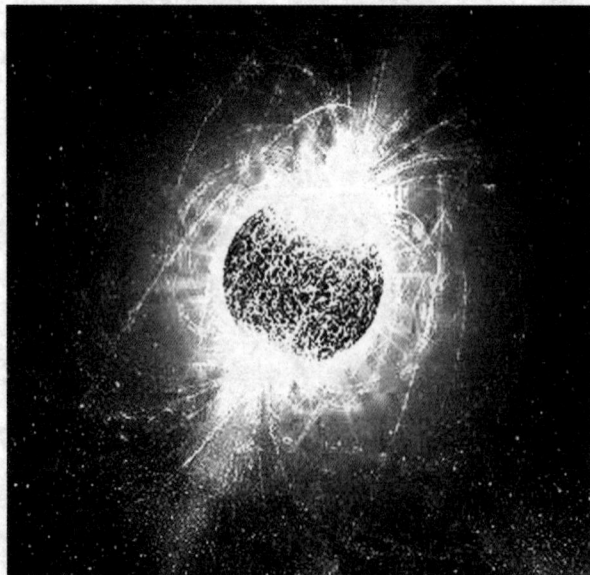

这颗中子星使 1967 年的疑问得到了解答。它每秒钟转 33 圈，每转一圈地球上就能收到一束辐射。由于它具有非常稳定的频率，科学家们又把它叫做脉冲星。

恒星演化到最后，究竟会成为中子星，还是塌陷成黑洞，其间的差别只是因为恒星质量的不同。脉冲星的发现，使黑洞的存在成为呼之欲出的事实，但要想让盲目乐观的人们面对现实，就必须先把黑洞找出来，给黑洞贴上标签。黑洞就像草地里的沼泽一样，不露痕迹地吞噬所有闯入者。天文学家的任务之一，就是在这些宇宙的沼泽边，贴上"此处危险"的警告。但是怎样才能找到这些穿着隐身衣的家伙呢？

既然黑洞不发出任何辐射、不抛出任何物质，用一般方式直接观测黑洞当然是不可能的。而且，黑洞的引力场对邻近区域的作用十分强大，周围的物质很快就会被吃得干干净净，不留给我们搜寻的线索。而在星际距离上，黑洞的引力并不比普通恒星更强，虽然它很想把恒星从遥远的地方拉过来饱餐一顿，却真的是可望而不可即。所以想通过星际间的引力作用，来观察黑洞也不现实。

但是黑洞也很狡猾，它会欺骗一些普通恒星签下契约，与自己构成一个双星系统，共同围绕一个引力中心转动。虽然普通恒星转动时该保持着警惕，但总有一些时候，会转到离黑洞非常近的地方。这可让"守株待兔"的黑洞找到了机会，它会把恒星上的物质一点一点地夺过去，并在边界周围形成一个物质盘，科学家称之为吸积盘。吸积盘的物质沿着螺旋轨道落入黑洞的过程中，会放射出"求救信号"，这就是 X 射线。X 射线是可以探测到的，因此科学家认为，找到了宇宙中的 X 射线，或许就可以间接地证明"那里"有个黑洞。这有点像暴雨后洪水泛滥，人们已难以看清哪里有危险的深穴，但湍急的旋涡和冲入旋涡的流水声响，仍然能帮助我们准确地进行判断。

小行星会对地球造成灾难吗

　　茫茫宇宙中，无数星球按照既定的轨道在太空中运动着。然而它们也有失控的时候吗？目前人类所知道的唯一存在生命的星球——地球会遭遇与其他星球碰撞的命运吗？有迹象表明，地球在史前时期曾有过被小行星撞击的现象。在美国亚利桑那州的可可尼诺郡有一个坑，宽约 1300 米、深达 193 米，周围的土堆达 30~40 米高，看起来仿佛一个小型的月坑。长久以来人们一直认为它是一座死火山，但一个名叫巴林杰的矿石工程师却坚持认为这是陨石撞击的结果。现在，科学界把这个坑称为巴林杰陨石坑。坑口堆积有数千吨（也可能数百万吨）的陨石残块，虽然目前只发现一小部分，但从该地区及附近的陨石中所提取的铁远远高于从世界其他地方的陨石中所提取的铁的总量。1960 年科学家们在这里发现了硅，从而证实是陨石的撞击产生了这些硅。因为硅的形成需要高压和高温，而这只能在受陨石冲击的瞬间完成。

　　据估计，大约是 25 000 年前，一个直径 46 米左右的铁陨石撞击在这片荒无人烟的土地上，造成了今天的巴林杰陨石坑，目前它保存得相当完好。在世界上大多数地区，水或植物的生长掩盖了许多类似的陨石坑。从飞机上观察，以前许多不引人注意的圆形凹陷地貌一下子展现在人们面前，其中有的蓄满了水，有的覆盖了植物，它们几乎都是陨石坑。这种陨石坑在加拿大就有好几处，包括安大略中部的布伦特陨石坑和魁北克北部的查布陨石坑，它们的直径都有 3 千米或更大。加纳的亚山蒂陨石坑可能有 100 万年以上的历史。其直径达 9.6 千米，目前已知大约有 70 个类似的古老陨石坑，直径总和达 137 千米左右。

　　科学家发现，一些形同锅底的大小湖泊在中美洲的许多地方都能看到。此外还有无数个巨大的石球也被人们发现了。在后来的古印第安人创作的浮雕和壁画中，火球的图像也曾经多次出现过。因此，学者们推断，大约 1000 年前，陨石群曾持续不断地侵扰中美洲地区，古印第安人十分恐惧，于是纷纷逃离了家园。

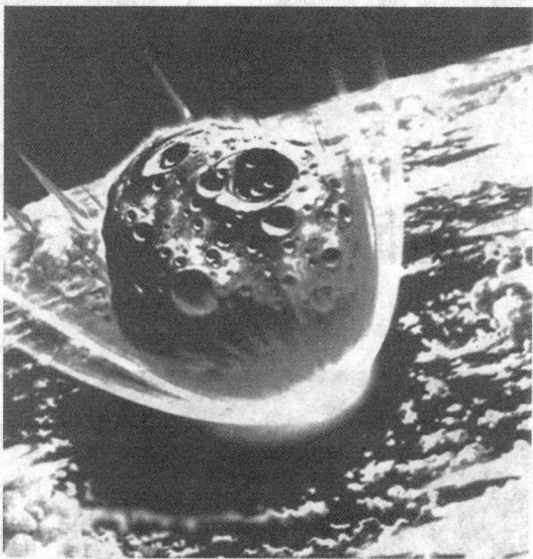

然而地球遭受小行星撞击的危险究竟有多大？现已观测到近 12 万颗小行星。在火星和木星运行轨道之间的一个宽阔的小行星带区，聚集着占其总数 99% 的小行星。它们环绕太阳不停地运转，在既定的轨道内做着运动，不会对地球造成任何威胁。但有可能由于大行星引力的影响而使个别小行星偏离原来运行的轨道，甚至可能会冲向地球轨道。

在数十万颗小行星中，那些近地的、被称为"阿波罗体"的小行星有可能真正对地球造成威胁。

所谓阿波罗型小行星体是指那些在近日点附近与太阳的距离小于 1.67 天文单位的小行星。据估计，阿波罗型小行星中直径在 0.7～1.5 千米的，大约有 500～1000 颗，它们真正可能对地球存在着潜在的威胁。1997 年 1 月 20 日，北京天文台的青年天文学家发现一颗更危险的近地小行星，它在运行到与地球轨道最近处时距离地球只有 7.5 万千米，还不到月地距离的 1/5，它的直径达 1.4 千米。这颗小行星暂定编号为 1997BR。如此大的小行星，它的轨道与地球轨道的距离又这么近，令科学家们非常震惊。全世界的天文学家都在密切关注这一重要发现，这颗获暂定编号的小行星成为有史以来被天文学家观测得最多的小行星。目前，它的动向仍受到天文学家们的密切注视。

探秘恒星

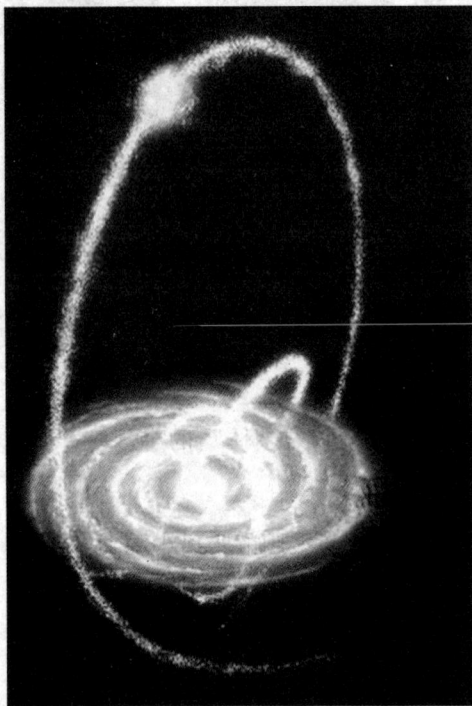

恒星，通俗地解释为永恒不变的星体。晴朗的夜空，繁星满天。人们用肉眼看到的星星，除了太阳系内的五颗大行星（水、金、火、木和土星）和流星及彗星之外，整个天空中的星星都是恒星。恒星是由炽热气体所组成并能自己产生能量、发光的球状和类球状天体。没有固态的表面，气体通过自身引力聚集成星球。由于它们的位置看上去亘古不变，古人因此称之为"恒星"。

中国古代早期曾给恒星的名字归纳为几种类型，根据恒星所在的天区命名，如天关星、北河二、北河三、南河三、天津四、五车二和南门二等；根据神话故事的情节来命名，如牛郎星、织女星、北落师门、天狼星和老人星等；根据中国二十八宿命名，如角宿一、心宿二、娄宿三、参宿四和毕宿五等；根据恒星的颜色命星，如大火星（即心宿二）；冠以特殊名称，这就是最早星座的萌芽。

许多古老的民族都有关于恒星天空的划分方法，并给每个星区编织了生动的神话故事。直到 1928 年，国际天文学联合会决定，将全天空划分成 88 个星区，或叫星座。在这88个星座中，沿黄道天区有12个星座。它是双鱼座、白羊座、金牛座、双子座、巨蟹座、狮子座、处女座、天秤座、天蝎座、人马座、摩羯座、宝瓶座。

除此之外，北半球有29个星座。它们是小熊座、大熊座、天龙座、天琴座、天鹰座、天鹅座、武仙座、海豚座、天箭座、小马座、狐狸座、飞马座、蝎虎座、北冕座、巨蛇座、小狮座、猎犬座、后发座、牧夫座、天猫座、御夫座、小犬坐、三角座、仙王座、仙后金牛座、仙女座、英仙座、猎户座、鹿豹座。

南半天球有47个星座。它们是唧筒座、天燕座、天坛座、雕具座、大犬座、船底座、半人马座、鲸鱼座、堰蜓座、圆规座、天鸽座、南冕座、乌鸦座、巨爵座、南十字座、剑鱼座、波江座、天炉座、天鹤座、时钟座、长蛇座、水蛇座、印第安座、天兔座、豺狼座、山案座、显微镜座、麒麟座、苍蝇座、矩尺座、南极座、蛇夫座、孔雀座、凤凰座、绘架座、南鱼座、船尾座、罗盘座、网罟座、玉夫座、盾牌座、六分仪座、望远镜座、南三角座、杜鹃座、帆船座、飞鱼座。

这88个星座大小不一，形态各异。有时颜色也不尽相同，看起来呈五颜六色，十分的美丽漂亮。每当夜晚，一般人大都把天上的星星看成一种颜色，其实我们所看到的夜空中那些闪烁的星星不都是一种颜色，而是异彩纷呈的。

细心一点的观星者一眼就可以看出恒星的颜色不一样，它们有红色、黄色、蓝色和白色等。其中黄色居多。那么，恒星究竟为什么有这么多种多样的诱人色彩呢？

一般人都看到过炼钢厂出钢时的钢花。当钢水在钢炉里的时候，由于温度很高，它的颜色呈蓝白色，钢水出炉后，随着温度的慢慢降低，它的颜色也变为白色，再变成黄色，再由黄变红，最后变成黑色。可见，物体的颜色受物体温度控制，天上的星星也是如此。它们的不同颜色代表星体表面温度的不同。天体的温度不同，它们发出的光在不同波段的强度是不一样的。从恒星光谱图我们已经知道，不同颜色代表不同的温度。一般说来，蓝色恒星表面温度在

25 000℃以上，如参宿七、水委一、马腹一（甲星）、十字架二（甲星）和轩辕十四等。白色恒星表面温度在 7700 ~ 11 500℃，如天狼星、织女星、牛郎星、北落师门和天津四等。黄色恒星表面温度在 5000 ~ 6000℃，如参宿四和心宿二等。

太阳的表面温度约 6000℃，照理讲，太阳应是一颗黄色的恒星，为什么我们白天看见的太阳是发出耀眼的白色的光呢？其实，这是因为太阳离我们较近的缘故。如果有机会乘宇宙飞船到离太阳较远的地方，你会发现，原来太阳也是一颗黄色的星星。而美丽的朝霞和晚霞绽放红光的原因是因为地球大气对太阳光七种颜色中的红光折射偏角最大的原因引起的。

宇宙浩渺，离我们最近的太阳系的外恒星也有近 40 万亿千米的路程。有时我们站在高高的山上，仰望夜空，星光点点，好像星星就在我们的头上，离我们很近，而实际上呢？它离我们的距离实在太遥远太遥远了。根据现代科技观测，在银河系内的 1000 亿颗恒星中，距太阳最近的恒星是半人马座的比邻星，它离太阳也有 4.2 光年，即约 40 万亿千米。即光要走 4.2 年才能到达地球最近的一颗恒星。

天狼星距太阳约 8.6 光年。这已是离太阳比较近的恒星了。牛郎星距离地球 15.7 光年，织女星距离地球 27 光年，两者相距 11 光年。神话传说中的"牛郎织女鹊桥相会"看来太难实现了。因为即使乘现代最先进的火箭，从此地到彼地，也需要几百年。

以上仅仅是指银河系里的一些恒星，而银河系之外的一些星系，离我们就更远了。如织女座有一个星系团，离地球有 2000 万光年，后发星座的一个星系团离我们有两亿四千万光年，北冕星座里有一个星系，离我们有 7 亿光年，就是说，光从那里照射到我们地球，需要整整 7 亿年。

夜空中闪烁的点点繁星，从我们地球上看来，好像是很微不足道。其实这些小光点，根据现在研究结果表明，它们不是小得可怜，而是大得惊人！众所周知，太阳的直径是地球的 109 倍，体积是地球的 130 万倍，而在恒星世界中，太阳顶多算中等个儿。比如牛郎星的直径是太阳的 1.7 倍，织女星的直径是太阳的 2.8 倍，天津四的直径是太阳的 106 倍，参宿四的直径是太阳的 900 倍，仙王座 W 星的直径是太阳的 1600 倍，即仙王座 W 星的直径约有 22 亿千米，它真正可称得上是恒星之王。

当然，恒星世界里也有体积很小的恒星，比如与地球差不多大小的白矮星，甚至半径仅十几千米的中子星。恒星的质量一般为地球质量 2 万 ~4000 万倍，近些年来的研究结果已充分说明，恒星的质量大都为太阳质量的百分之几至 120 倍。质量如果过大，它就会爆炸；质量如果过小，它的中心不会形成很高的温度，也就不会成为恒星。

现在已知质量最大的恒星是 HD93250 星，它的质量是太阳的 120 倍。仙王座 W 星质量是太阳的 60 倍；织女星的质量是太阳的 2.4 倍；牛郎星质量是太阳的 1.6 倍。恒星之间的体积可以相差 1000 万亿倍，而质量相差仅 1000 余倍，可见恒星之间是有密度差别的。太阳质量是地球的 33 万倍，可见地球质量与恒星相比，仍是轻得可怜。

有人说恒星是不动的，你天天看它，它都在一个地方，其实这是一种误解。在我们看来，恒星好像是固定不动。实际上，宇宙间一切物体都在高速运动着，恒星也一样。我们没有感觉到恒星的运动，是因为恒星离我们太遥远了。

每颗恒星都有自己的运动方向和速度。地球上的飞机与火箭，比起恒星的运动速度就太慢了，还不如乌龟爬行。目前，已测出了万颗恒星在宇宙空间的运动速度。如毕宿五以每秒 54 千米的速度在离开我们，北极星以每秒 17 千米的速度向我们奔来，织女星以每秒 14 千米的速度向我们奔来。在向我们飞来的

恒星中，跑得最快的是武仙星座中的 VX 星，它以每秒 405 千米的速度飞奔着向我们而来，即使一路顺利，它也要 20 亿年的时间才能靠近"太阳系"。在离我们而去的恒星中，速度最快的是天鸽座的 BD 星，它以每秒 500 千米速度离我们远去。

同时，太阳作为一颗恒星，它携带着太阳系全体成员，也以每秒 20 千米的速度朝武仙座方向运动。

如此众多的恒星在宇宙空间各自高速运动着，它们会不会相撞呢？特别是与太阳相撞呢？科学家现已算出这种碰撞的概率，即相当于距离 4000 千米的两个蚂蚁相对爬行，它们相撞的可能性便可想而知了。

有时候在某一星区突然看到一颗原来没有的亮恒星，经过几个月，又突然不见了。有人误认为产生了一个新"恒星"。其实不然，这是因为原来这里本身就有一颗比较暗弱的恒星。由于内部突然爆炸，光度扩大到原来的上万倍，原来看不到，现在就看到了。目前在银河系已发现了 200 多颗这样的恒星，这又是什么原因呢？其实一个新星的亮度超过原来的 1000 万倍以上，这样的恒星就是一种超新星现象。所谓超新星是一种恒星体内的自爆现象，发生时异常猛烈，所产生的光亮激增，故人们看到的突然提高亮度的恒星就是它所造成的。恒星自爆以每秒几千甚至几万千米的速度向外抛射能量，可以说是天体上最激烈的天体活动。

对于超新星的记载，早在我国的宋代就曾记录了一起超新星爆发时的情景：公元 1054 年 7 月的一个清晨，天空突然出现了一颗非常耀眼明亮的星星，竟然在大白天也能看得十分的清楚，这种现象一直持续了 23 天才渐渐暗淡下去。这是我国记录最早的关于新星爆炸的文字，比西方的文字记录早几百年。后来到了 18 世纪，有一个英国天文学家用望远镜观察当时出现"客星"的那片天空，发现一团云雾状的东西，其形状有点像螃蟹，人们把它叫做"蟹状星云"。经研究发现，这团星云还在不断膨胀。根据其膨胀的速度及其形状的大小，推算出它开始膨胀的时间正是我国在宋朝时候看到的那颗超新星出现的时间。

关于超新星，人们已经发现了很多，但对其爆炸的原因，还属于猜测、设想阶段。目前一种较为有说服力的观点是：其爆炸的原因很可能是恒星内层向中心"坍缩"时极其迅速地释放出来的引力势能引起的，这显然同"黑洞"理论有些相仿。根据物质不灭的原理，恒星演化到后期阶段，往往要向外猛烈地抛发大量物质，形成行星状星云。而中央残核则最终变成一颗致密天体——白矮星或中子星。这种星体体积和地球差不多，但它的密度却是太阳平均密度的10万倍以上。

1862年，美国光学家克拉克发现了天狼星的一颗伴星就是一颗白矮星。它的平均密度是每立方厘米175千克（目前已观测到1000多颗白矮星）。中子星，体积比白矮星更小，质量和太阳相当，但其半径只有十几千米，其密度高达每立方厘米10亿吨以上。中子星上一个核桃大小的东西，在地球上要用几万艘万吨巨轮才拖得动。中子星不仅密度高得惊人，它的温度、压力、磁场也高得惊人，它中心的温度高达60亿摄氏度。它的中心压力比太阳中心压力高3亿倍，它的磁场比太阳磁场高几万亿倍，中子星也是恒星晚年阶段留下的残核。

这种残核是怎样形成如此高温、高压、高密的中子星呢？根据科学家们分析，由于超新星的爆发，才形成"中子星"。由于爆发产生的巨大反向压力，把原子里的核外电子挤到了原子核里面，与核里的质子结合形成中子。因此，整个星的物质都是中子物质，故残核便形成中子星。

除了白矮星、中子星之外宇宙间还存在着恒星遗留的神秘莫测具有超力量的黑洞。什么是黑洞呢，它是人们对宇宙空间一个区域的形象称呼。如果宇宙中存在名副其实的黑洞，不但物体掉进去便会消失得无影无踪，而且就连光也休想从那里逃逸出来。它就像一个饥饿的无底深洞，永远也填不饱。

黑洞也是一个天体，只不过这个特殊的天体，其密度比中子星更大、引力比中子星更强。因此一切物质与辐射只要落入它的地盘，无不被吸进去吞食掉。

追溯起来，黑洞概念起源于法国著名的数学家拉普拉斯早在1789年的预言。他认为，假如一个天体，它的密度或质量达到一定的限度，我们就会看不到它了，因为光没有能力逃离开它的表面，也就是说，光无法到达我们这里。

黑洞引起科学家普遍关注还是在爱因斯坦广义相对论公布之后。人们根据

爱因斯坦的理论，就黑洞存在的条件及形成原因等问题，进行了可贵的探索。但还是到 1965 年才测到一束来自白天鹅星座的 X 射线，终于打开了人们探测黑洞的大门。黑洞，这一奇特的天体，被当时的天文学家命名为"天鹅座 X-1"。经研究证实这是一个明亮的蓝色星体，它还有一颗看不见的伴星，质量要比太阳大 10~20 倍。又过了几年，经过不断地研究和探索，科学家根据"天鹅座 X-1"发射出来的强射线，又找到了编号为 HDE226868 的星体，它就是 X 射线的射线源。这是一个巨大无比星体，质量为太阳的 30 倍。它围绕另一颗星高速运转。后经研究认为，X 射线不是从 HDE226868 上发射的，而是由绕它运行的一颗伴星上发射的，通过计算，这颗伴星质量是太阳的 5~8 倍，但很难看到它的位置。但到目前为止，科学家们终于找到了黑洞的源头。

从 1997 年 1 月公布的哈勃空间望远镜观测成果看，在观测过程中发现三个超大质量的黑洞，它们的质量分别为太阳的 1000 万倍和 5 亿倍。

关于黑洞成因问题，有人认为是由于恒星在其晚年，因核燃料被消耗完，便在自身引力下开始坍缩。如果坍缩星体的质量超过太阳的 3 倍，那么，其坍缩的产物就是黑洞。还有人认为是超新星爆发时形成的，一部分坍缩的恒星会变成黑洞。也有人认为是在宇宙大爆炸时，因一种特殊的力量，把一些物质挤压得非常致密，便形成了"原生黑洞"。

时至今日，虽然黑洞还没被真正捕捉到，但人们对黑洞的存在却是确信无疑的，也许银河系中心就是一个大质量的黑洞，这种想法已被越来越多的观测证实。除了大黑洞之外，很可能还存在比小行星还要小的黑洞。甚至还有人认为地球上也存在黑洞。在科学日益进步的时代，总有一天，人们会揭破黑洞的谜底。

恒星的最高温度是多少

这个问题的答案取决于你所说的是什么样的恒星，以及你所指的是恒星的哪一个部位。

在我们能观测到的恒星中，99%以上都和太阳一样，属于被称为"主序星"的一类。至于恒星的温度，我们一般是指恒星的表面温度。

下面我们就从这里谈起。

任何恒星都具有一种在其自身的引力作用下发生坍缩的倾向，但是当它坍缩时，它的内部会变得越来越热。而当它的内部温度越来越高时，这颗恒星就有一种发生膨胀的倾向。最后，两种倾向会达到平衡。结果，这颗恒星便达到了某种固定的大小。一颗恒星的质量越大，为了平衡这种坍缩所需的内部温度就越大，因而它的表面温度也就越高。

太阳是一颗中等大小的恒星，它的表面温度为6000℃。质量比它小的恒星，其表面温度也比它低，有一些恒星的表面温度只有2500℃左右。

质量比太阳大的恒星，其表面温度也比太阳高，可达10 000～20 000℃，甚至更高。在所有已知的恒星中，质量最大、温度最高、亮度最大的恒星，其稳定的表面温度至少可达50 000℃，甚至可能更高。也许可以大胆地说，主序星的最高的稳定表面温度可以达到80 000℃。

为什么不能再高呢？质量再大的恒星，其表面温度会不会比这还要高呢？到这里，我们不得不停下来。因为，一颗普通恒星，如果具有这样大的质量，以至它的表面温度竟高达80 000℃以上，那么，这颗恒星内部的极高温度就会使它发生爆炸。在爆炸时，也许在瞬间会产生比这高得多的温度，然而当它爆

炸之后，剩下来的将是一颗更小和更冷的恒星。

但是恒星的表面并不是温度最高的部分。热会从它的表面向外传播到该恒星周围的一层很薄的大气层（亦即它的"日冕"）。这里的热量从总量上说虽然不算大，但是，由于这里的原子数量同该恒星本身的原子数量相比是很少的，以致每一个原子可以获得大量的热供应。又因为我们以每一个原子的热能作为测量温度的标准，所以，日冕的温度高达 100 万摄氏度。

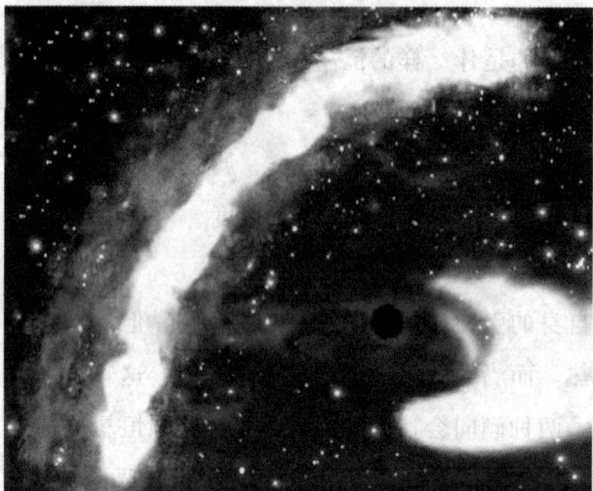

此外，恒星的内部温度也比其表面温度高得多。要使恒星的外层能够战胜巨大的向里拉的引力，就必须是这样。已经查明，太阳中心的温度大约为 1500 万摄氏度。自然，那些质量比太阳大的恒星，它们不但表面温度更高，中心温度也同样会更高。同时，对于具有一定质量的恒星来说，其核心的温度一般总是随着它年龄的增长而越来越高。有一些天文学家曾试图计算出，在整个恒星爆炸的前夕，其核心的温度可以达到的温度。其中一种估算，认为最高可达到 6 亿摄氏度。

那些不属于主序星的天体，其温度有多高呢？尤其是那些在 20 世纪 60 年代新发现的天体，其温度可达到多少摄氏度呢？例如脉冲星的温度可能达到多少摄氏度呢？有些天文学家认为，脉冲星实际上就是非常致密的"中子星"，这种中子星的质量虽然和一颗普通恒星一样大，但是它的直径只有十几千米。这样的中子星的核心温度会不会超过 6 亿摄氏度这个最大值呢？此外，还有类星体，有人认为类星体可能是由数百万颗普通恒星坍缩而成的，既然如此，这种类星体的核心温度又有多高呢？

所有这些问题，迄今为止，还没有人能够回答。

太阳光造成的神奇现象

"五日"同现

中国有则很古老的神话，叫做"后羿射日"。传说在远古的尧帝当政的时候，天上一下子同时出现了 10 个太阳！江河枯竭，草木枯死，百姓奄奄一息。在这种危难的时刻，尧帝命神箭手后羿射下太阳，挽救万民。后羿弯弓搭箭，9 个太阳纷纷坠地。不想，落在地上的竟是一只只乌鸦，它们的羽毛四散在空中，随风飞去。后来天上就只剩下一个太阳了。

这只是一个美丽的传说，无需考证真伪，但天空中出现多个"太阳"，却是有人亲眼所见。

1933 年 8 月 24 日上午 9 时 45 分，在我国四川省峨眉山的上空，出现一种奇异的景象，在太阳的左面和右面，各有一个太阳，人们惊奇不已。1934 年 1 月 22 日和 23 日，上午 11 时至下午 4 时，古城西安的人们目睹了 3 个太阳并排在天空的奇景。

157

1965 年 5 月 7 日下午 4 时 25 分和 6 月 2 日晨 6 时，在南京浦口盘诚集的上空，接连两次出现了这种景观。

1981 年 4 月 18 日的清晨，海南岛东方板桥的人还碰到过 5 个太阳同时悬在天际的胜景。那天早晨，红艳艳的太阳已升上天空，人们习惯地抬头东望。咦？东边居然有 3 个太阳，相隔数米的西边还有两个太阳，太阳中间还有一条绚丽的彩环相连。这一奇景让当地人们奔走相告，议论纷纷。

看来，这种现象是时有发生的。古时候科学技术不发达，人们在天空看见未曾见过的东西，只当是"天意"。当时天灾人祸又很频繁，因此，人们更加迷信这是上帝震怒的先兆。

据史料记载，公元 1156 年，意大利的米兰上空，太阳周围出现 3 个彩环，一连数小时闪闪发光。彩环消失时出现了 3 个太阳，编年史作者认为这暗示着米兰在遭 7 年围攻后，末日快来临了。

历史上还记述了这样一件有趣的事实：1551 年德国的马格德堡被西班牙国王卡尔拉五世的军队围攻，城中将士坚持不懈地守卫，让西班牙的围攻持续了一年多。最后，西班牙国王恼恨之下准备强攻城池。在这紧急关头，天空中出现了 3 个太阳，这一奇景使侵略者极端惊恐，认为苍天有意捍卫马格德堡城，于是国王慌忙下令撤军。

太阳出现的这些形状是怎么回事？太阳系中有几个不同形状的太阳吗？当然不是，太阳独一无二的地位是不容置疑的。

随着科学的进步，自然现象的谜也随之解开了。原来，这是大气变的戏法，是光学原理玩的游戏。这种现象在科学上称之为晕。

在离地面 6~8 千米的高空中，无论冬夏都是寒冷的，这里有大量的冰晶体，它们有着不同的形状，最常见的是六角形小柱或薄片，冰晶随着大气上下翻腾。当阳光照到这些小冰晶上，就会像照在玻璃三棱镜一般被折射，或者像射在镜面上被反射出去。由于阳光被折射后偏折出不同角度的光，就会在太阳周围绕成美丽的光环——晕。

其实，人人都见过简单的晕。在严寒的冬天，空气里充满冰晶或雪花的情况下，如果你观看街道上的路灯，很可能见到路灯周围的光晕。而彼得堡的学者洛维茨所看见的晕或许算得上最复杂的了。

请看他在 1970 年夏季的一次详细描述："在太阳的周围有两个虹彩的光圈。一个大，一个小。在它们的上面和下面各有一个光亮的半弧，犹如宽大的牛角与光圈上下相连。一条与地平线平行的白色光带穿过太阳和虹彩光圈，环绕蓝天。在白色长带与小光圈交叉的地方有两个幻日光彩夺目。幻日在它朝向太阳的一侧呈红色，而背离太阳的一侧伸展着很长的发光的尾部。在白色长带上对着太阳的地方能看见 3 个同样的光斑。在太阳上面的小圆环上闪烁着第 6 个耀眼的斑点。所有这一切在天空上持续了 5 个小时。"看来，多个太阳的出现是由于六角形冰晶的缘故，只有一个是真正的太阳，其余的是太阳的孪生幻影，冒牌的"假太阳"。

天文奇观——神秘"十字架"

有一种情况也曾让人惊骇不已。白日将尽，奇迹突现了，一个闪闪发光的十字架清晰而神秘。注视着这样的天象，现在应该不难理解。这是因为我们往往只看到太阳垂直光环的一部分，穿过太阳的水平光环也只能看到一部分，两环相交部分在太阳两侧，不就仿佛形成十字架了吗？在太阳下山以后，冰晶薄片也参加了这场游戏，它们反射已经在地平线以下的太阳光，于是一条灿烂的光柱便从地平线直指天空，光线与垂直环的上部相交，在昏暗的天空就产生巨大的十字架形象。如果这时落霞万丈，那不就像一柄火光闪闪的利剑吗？魔幻万变的自然现象，在科学面前，显现出真实的面目。受过良好

训练的专业人员，每年可看见数 10 次晕，但复杂多彩的晕，还是十分罕见的。所以，平常人们看见这种太阳奇景，自然感觉迷惑不解又十分稀奇了。我们已经领略了太阳光在大气中玩的游戏，太阳由此显得变幻莫测。

海市蜃楼

明丽庄重的太阳其实还有活泼好玩的一面，前提条件是，只要存在适合太阳玩儿的大气条件。

让我们再欣赏几幅太阳的"另类"姿态。悬挂在地平线上的太阳，突然开始改换形态——它那圆圆的形体变成了扁圆、三角形，还有蘑菇状、鸡蛋状。太阳的妆容也在变化着——最为明显的是红色和橙红色，民间说法是"日落胭脂红"。不仅如此，太阳还可以在原地跳跃、抖动，忽而升起，忽而落下，就像的士高舞者。说穿了，所有这一切，都是海市蜃楼，是大气层这位"魔术师"变幻的结果。

海市蜃楼是一种镜子般的反射。我们知道镜子里是虚幻的影像，就像湖边柳树在水中的倒影。

这里的镜子不是玻璃，不是湖水，而是地面上的大气。

光线在空气中通常是直线传播，这种空气一般密度均匀、平稳。然而空气密度在不均匀的情况下，光的前进方向会发生弯曲，这种现象叫折射。

在你面前放一杯水，拿着筷子倾斜插入水中，我们眼睛会看见，筷子在水下那部分与露在水上的部分好像折断了。这就是光线在两种不同密度的媒质——空气和水中引起折射的例子。

空气的密度随高度增大而递减，越是高空，密度越小，所以光的折射是普遍的现象，不过这种折射几乎看不出。必须具备一些特殊条件，才能使这种扭曲引人注目。

在空气密度垂直变化反常时，光在大气中折射或全反射，就像镜子一样，将远处看不见的物体投射在空气中，让人们看到幻觉般的虚像，这就是海市蜃楼。

在地球表面上，当太阳接近地平线，万道光芒从水平的方向射向我们时，它们必须通过十分深厚的具有不同密度的且各层之间时常变化的低层大气，太阳开始扭曲起来：压扁的、拉长的、弯曲的……甚至面目全非，观看的人面对这些奇特形状，可以发挥他们天才的想象力了。

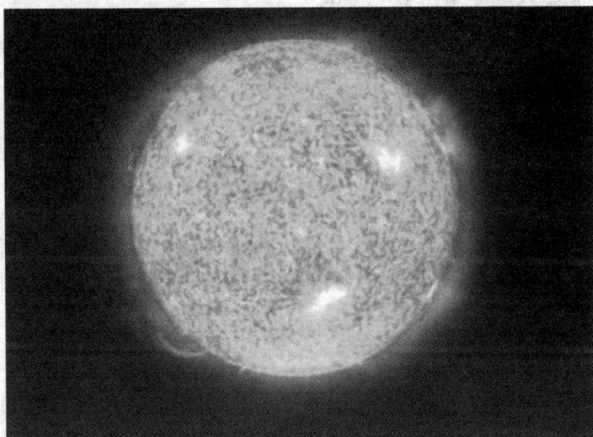

当光线射向我们时通过受热的空气，它们不停地对流、流动，光线也多次改动方向，太阳似乎在摇摆、颤动。

"红日初升""残阳如血"是我们形容日出、日落的景观，这两种时候的太阳为什么特别红？这也得归功于大气。太阳白茫茫的光线实际是红、橙、黄、绿、蓝、青、紫七种不同颜色的光波组成的，红色光波最长，紫色光波最短。空气的水分、微尘和空气分子像三棱镜把七色光分散开来，这叫做散射作用。

散射的规律是波长越短，散射越厉害。地平线上的太阳光穿进厚厚的空气时，紫光和蓝光被空气大大地减弱了，剩的最多的就是红色光了。因此，日出、日落的太阳总是红红的。

神奇"绿太阳"

如果你运气好，还可以观赏到"绿太阳"。七彩光轮相互重叠产生白光，在太阳的上下边缘，光轮的颜色不混合，在太阳的上缘呈蓝色和蓝绿色。这两种光穿过大气层时"命运"不同。蓝光受到强烈散射，几乎看不见；而绿光就可以自由地透过大气。正因为如此，你就可以看到绿色的太阳！看见绿太阳，需要天时、地利、人和。

太阳的活动周期

美国国家航空航天局马歇尔太空飞行中心的太阳物理学家大卫·哈瑟维曾称：第 24 个太阳活动周期在 2010 年或 2011 年达到最活跃期。大卫和他的同事罗伯特·威尔逊在旧金山召开的美国地球物理联合会会议上宣布了上述结论。哈瑟维解释说："当太阳风抵达地球时，它会引起地球磁场的急剧变化。如果磁场变化过大，我们就把它叫做地磁暴。"这些磁暴会引起停电，罗盘针指向错乱。当然，还有美丽的极光

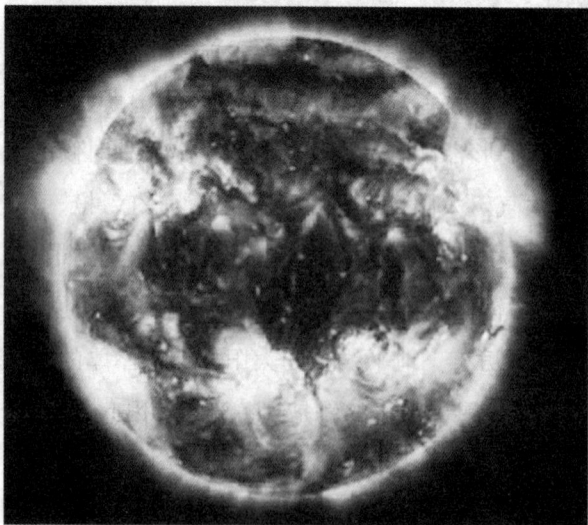

是它的副产品。

　　大卫和罗伯特的预测基于地磁暴的历史记录。他们研究了此前 150 多年的地磁活动记录并找到了一些有用的发现：现在的地磁活动的程度可以告诉我们未来 6～8 年太阳活动周期的情况。

　　在他们研究时绘的图中，黑线代表太阳活动周期，纵向坐标代表太阳黑子活动数量。黄线代表地磁活动指数，即一小时内变化量，用 IHV 表示。哈瑟维指出，"这些指标是来源于安装在地球相对两点的磁力计记录下的数据：这两个点一个在英格兰，一个在澳大利亚。IHV 数据自从 1866 年开始收集"。

　　将 IHV 指数与太阳活动数量关联起来后，他们发现 IHV 可以预测出未来 6～8 年太阳活动周期的情况，相关系数为 94%。

　　天文学家们从伽利略时代就开始计算太阳黑子数量，他们发现每 11 年太阳活动经历一次增强与减弱。哈瑟维指出："令人惊奇之处是，5 次最强的太阳活动周期中的 4 次都发生在过去的 50 年里，第 24 个太阳活动周期将符合这一规律。"哈瑟维认为，地磁变化有两种变化形式，一是由太阳风轻微冲击而引起的磁暴，二是由太阳耀斑和日冕物质喷发影响而引发的磁暴。

　　哈瑟维说："只有第一种形式具有预报价值。太阳风引发的磁暴的发生和消失具有一定的规律，它可以预报太阳周期。由太阳耀斑和日冕活动引发的磁暴则没有这种特性。"为了完善自己的计算结果，哈瑟维和威尔逊利用琼·费曼发明的技术将太阳耀斑和日冕物质喷发引起的磁暴从自己的数据中删除了。

天降冰块

    1958 年 9 月 2 日夜，多米尼克·巴西哥路普待在新泽西州麦迪逊市的家中，从厨房的椅子上站起来，刚迈出几步，突然整个房顶都陷了下来。巴西哥路普没有受伤但是吓坏了，他环顾四周，终于明白了发生了什么事情：原来，一块 32 千克左右的巨冰砸穿了他家的屋顶，落进厨房里并裂成了 3 块。当晚并没有暴风雨。巴西哥路普 14 岁的儿子理查德注意到，在这次奇怪的坠落事件发生前有两架客机从他头顶飞过，但机场官员否认那两架飞机载了冰块。附近的路特杰斯大学的气象专家说，当时的大气条件不可能产生那么大、那么重的冰块。那么冰块来自何处呢？

    天上落冰是气象学上最经常遇到、最令人迷惑不解的谜之一。气象专家通常把这种落冰解释为飞机表面出现冰块的结果。但出于种种理由这种解释无法使人相信。首先，现代飞机上的电子加热系统能够防止机翼和飞机的其他表面上凝结冰块。而且，根据美国联邦航空管理局的说法，即使是没有加热系统的老式飞机，由于它们自身的结构和它们高速的飞行状态，也很少有凝结大块冰的情况。更重要的是，在许多报告中提到的冰块是如此的巨大和沉重，任何飞机上如果有那些冰块早就会陷入严重的坠机危险中了。

类似报告

事实上，在飞机发明很久之前就有过天上掉冰的报告。例如在 18 世纪后期，有报告说在印度的瑟林加帕丹就曾有一块"大象一般大小的"冰块从天而降，3 天之后才融化。类似的天上掉下巨大冰块的令人难以置信的报告比比皆是。

1849 年的一期《爱丁堡新哲学》杂志上报道了 8 月的某个夜晚，在苏格兰奥达领地的波瓦利奇农场降下了一块巨大的冰块，有 6 米×6 米那么大！当地农民莫法特报告说这块不规则形状的巨冰落下时天上曾响起巨雷。对冰块的检验显示，它"像水晶一样的晶莹体……除了一小部分之外几乎完全透明，那部分是大小不一、凝结在一起的冰雹。基本上说来，它是由 2 ~ 8 厘米的钻石状立方体紧密结合而成的"。尽管观测者们找不到称这块巨冰的方法，但是他们一致认为莫法特一家非常幸运，没有被冰块砸死！奇怪的是，那天当地并没有冰雹或降雪的报告。

1950 年 12 月 26 日，另一个苏格兰人在巴顿附近驱车时目睹了一块巨冰从天而降，落在前方的道路上，差点击中他。当警察赶到现场时，他们收集了冰块的碎片，称了一下，发现有 50 千克重。这只是 1950 年 11 月至 1951 年间发生在英国的许多降冰事件里的一起。1951 年在德国肯普腾市发生了一幕悲剧，一块 180 厘米大小，15 厘米厚的冰块砸中一个正在屋顶工作的木工，夺去了他的生命。1965 年 2 月，一块 23 千克重的冰块击穿了位于犹他州伍德斯克罗的菲利浦炼油厂

的屋顶。

科学家的调查结果

研究得比较多的一个落冰案例是英国气象学家格林菲思1973年公布的案例。1973年4月2日，格林菲思正在英格兰曼彻斯特市的一个十字路口等候时，看见有一个巨大的物体砸在地面上，裂成了碎块。他捡起其中最大的一块，称了一下，发现它重1.5千克。然后他赶忙跑回家里，把冰块贮存在冰箱里。后来他写道，冰块样本的检验结果是令人迷惑的，因为"一方面它明显含有云里的水，但是却找不到决定性的证据来准确解释它形成的过程……在某些方面它很像冰雹，在其他方面它又不像"。在核实过当地的飞行记录之后，他发现当时上空没有飞机飞过。

格林菲思还指出这次落冰发生在天空出现的另一件奇怪的事（即"一道闪电"）之后9分钟内。许多其他人也注意到了闪电，"因为它很亮，而且只闪了一下"。格林菲思指出当天英格兰有一些"异常天气情况"，包括大风和暴雨。曼彻斯特市当天上午下了雪，但是落冰时天空是晴朗的；当天晚些时候还有雨夹雪。在1975年的一期《气象》杂志上，格林菲思认为那道闪电是由于东方有一架飞机飞进了暴风雨而激发的。但是对于冰块样本，他无法做出结论。

另一个研究得较多的落冰案例是1957年在宾西法尼亚州伯威尔地区的一个农场发生的案例。7月30日傍晚，农场主埃穗温·格罗夫听到一阵"嗖"的声音，抬头看去，发现有一个巨大的白色圆形物体从天空南面呼啸而来。当它坠落在离他几米远的地方并化作碎片后，第二块类似的物体击中了他和他妻子身边的花坛。第一个物体是一块23千克重的冰块，第二块的大小和重量都只有第一块的一半。

这两位目击证人马上通知了住在附近雷丁镇的气象学家马修·皮科克。皮科克请他的同事梅尔科姆·瑞德解释天上为什么会掉下冰块。它看上去阴暗发白，似乎是速冻形成的，其中充满了各种"沉积物"——灰尘、纤维、藻类等。那些冰块仿佛是"爆米花球"，就像是许多2.5厘米大小的冰雹冻结在一起。但冰雹不会包含此类沉积物。

化学分析显示，那些冰块里没有铁和硝酸钾成分，这两种成分都是普通地表水迅速冰冻时特有的。实际上，那些标本似乎既不是仓促间形成的，也不是来自地表的水。位于哈里斯堡的美国气象局的局长保罗·萨顿宣称，那些冰块"不是经过气象学上已知的任何过程而形成的"。

不同的理论解释

查尔斯·福特是最先收集和研究关于此类异常现象报告的人之一，他发表许多科学文章，认定落冰是一种普遍存在的气象怪事。他的半开玩笑似的理论认为"地球上空漂浮着一块同北冰洋差不多大小的冰原，强烈的雷暴有时会击落一些碎片"。

其他更加新的理论认为那同不明飞行物有关。例如不明飞行物学家杰瑟普是这样解释落冰的："似乎最自然的解释是当一艘金属制成的太空运载工具飞速地从冰冷的宇宙飞到地球时，它上面当然会覆盖着一层冰。这些冰当然会落下来，或者被飞船上的除冰机器铲除下来，或者因被太空船同大气摩擦产生的热所融化而落下，哪怕是太空船静止在空中，上面的冰块也会由于太阳光的作用而掉下来，这些都是很自然的。"但是事实上，很少有冰块落下的案例里有目击不明飞行物的报告。

科学家们通常用两种理论解释天降冰块。一种认为那些冰块形成于大气层的某处，例如专门研究奇怪天气的专家威廉·科利斯就认为："一些讨厌的大冰雹系统会迅速产生和聚集大量的冰雹。"第二种理论（过去人们曾认为它荒唐

可笑，但是最近比较认真地加以对待了）认为那些冰块其实是来自外太空的陨星。根据批评家罗纳德·威利斯的看法，这种观点的唯一问题在于"那块冰块上没有任何流星高速进入大气层时留下的痕迹，且不管它们来自何方陨星"。因为天上落下的冰块形状各异、成分不同，也许需要多个理论才能解释它们。

地球之谜

地球是人类的家园，理应受到人类更多的关注。但是人类对自己的家园也不是事事明白。作为天体，地球是怎样形成的？地球为什么自转？地球上流动的江河、浩渺的大海中的水又是从哪里来的……无不在让科学家伤着脑筋，不怕有问题，就怕提不出问题，只要提出问题，解决它就有了基础。世上无难事，只要肯登攀！

地球是如何形成的

关心我们这个地球，并热爱它的人，难免会提出这样的问题：我们生活的这个地球是如何形成的？具有了一定科学知识的当代人，当然不会满足上帝"创世说"这样的答案。实际上，早在 18 世纪，法国生物学家布封就以他的彗星碰撞说打破了神学的禁锢。然而，人们也许还不知道，随着科学的发展与进步，关于地球成因的学说已多达十几种，它们主要是：

（1）彗星碰撞说。认为很久很久以前，一颗彗星进入太阳内，从太阳上面打下了包括地球在内的几个不同行星。（1749 年）

（2）陨星说。认为陨星积聚形成太阳和行星。1755 年，康德在《宇宙发展史概论》中提出的。

（3）宇宙星云说。1796年，法国拉普拉斯在《宇宙体系论》中提出。认为星云（尘埃）积聚，产生太阳，太阳排出气体物质而形成行星。

（4）双星说。认为除太阳之外，曾经有过第二颗恒星，行星都是由这颗恒星产生的。

（5）行星平面说。认为所有的行星都在一个平面上绕太阳转，因而太阳系可能由原始的星云盘而产生。

（6）卫星说。认为海王星、地球和土星的卫星大小相等，也可能存在过数百个同月球一样大的天体，它们构成了太阳系，而我们已知的卫星则是被遗留下来的"未被利用的"材料。

在以上众多的学说当中，康德的陨星假说与拉普拉斯的宇宙星云说，虽然在具体说法上有所不同，但二者都认为太阳系起源于弥漫物质（星云）。因此，后来把这个假说统称为康德—拉普拉斯假说，而被相当多的科学家所认可。但随着科学的发展，人们发现"星云假说"也暴露了不少不能自圆其说的新问题。如逆行卫星和角动量分布异常问题。根据天文学家观察到的事实：在太阳系的系统内，太阳本身质量占太阳系总质量的99.87%，角动量只占0.73%；而其他八大行星及所有的卫星、彗星、流星群等总共只占太阳系总质量的0.13%，但它们的角动量却占99.27%。这个奇特现象，天文学上称为太阳系角动量分布异常问题。星云说对产生这种分布异常的原因"束手无策"。

另外，现代宇航科学发现越来越多的太空星体互相碰撞的现象。1979年8月30日美国的一颗卫星"P78-1"拍摄到了一个罕见的现象：一颗彗星以每秒

560 千米的高速，一头栽入了太阳的烈焰中。照片清晰地记录了彗星冲向太阳被吞噬的情景，12 个小时以后，彗星就无影无踪了。

1887 年，也发生了一次"太空车祸"。人们观测到一颗彗星在行经近日点时，彗头被太阳吞噬。1945 年，也有一颗彗星在近日点"失踪"。

苏联天文学家沙弗洛诺夫还认为，地球之所以侧着身子围绕太阳转，是因为地球形成一亿年后被一颗直径 1000 千米、重达 1012 亿吨的小行星撞斜的……既然宇宙间存在天体相撞的事实，那么，布封的"彗星碰撞"说的可能性依然存在，于是新的灾变说应运而生。

今天，关于地球起源的学说层出不穷，但地球是怎样形成的，仍是一个谜。

神奇的土卫六

在外星球上发现生命是人们梦寐以求的。它最少可以作为将来的人类开拓地球之外的第二家园。土卫六就带给人这样的希望，因此人类对土卫六多加注意和研究，就是可以理解的了。可是人类要实现自己的梦想，还有多少路要走呢？在这条路上还有多少问题要解决呢？土卫六（Titan，"泰坦星"）是环绕土星运行的一颗卫星。它是土星卫星中最大的一个。在 1655 年 3 月 25 日被荷兰物理学家、天文学家和数学家克里斯蒂安·惠更斯发现，它也是在太阳系内继木星伽利略卫星发现后发现的第一颗卫星。由于它是太阳系唯一一个拥有浓厚大气层的卫星，因此被视为一个时光机器，有助我们了解地球最初期的情况，揭开地球生物诞生之谜。

土卫六也是太阳系第二大卫星，大于行星水星的体积（虽然质量没有水星大），在太阳系中它的大小仅次于木星最大的卫星木卫三。但最近的观测也显示其浓密的大气可能使人们过高地估计了它的直径，如同许多其他的卫星一样，土卫六比小行星 134 340（原冥王星）的质量和体积都要大。

土卫六平均半径 2575 千米，质量 1.345×10^{23} 千克，平均密度 1.880×10^3 千克/立方米。土卫六环绕土星公转轨道半径长为 1 221 850 千米，偏心率 0.0292，轨道平面与土星赤道面的交角为 0.33°，公转周期 15 天 22 时 41 分 24 秒。土卫六的自转周期与公转周期相同，这一点与月球类似。土卫六有浓密的大气，主要成分是氮，表面大气压力 1.5×10^5 帕斯卡，表面温度 -178℃。

从惠更斯发现土卫六以来，至今已有 300 多年的历史，土卫六仍是一个待解之谜。要想对土卫六有更深刻的认识，还需要人类不断地进行探索。

天文学家们为什么特别看重土卫六呢？因为土卫六"天资"出众，所以受到天文学家们的青睐和器重。土卫六与众不同的"天资"表现在如下方面：第一，土卫六的直径为 4828 千米，在卫星世界中居第二位，比冥王星大许多，跟水星的个头儿差不多。它的质量是月球质量的 1.8 倍，平均密度为每立方厘米 1.9 克，约为地球密度的 1/3，引力则为地球的 14%。

土卫六与土星的平均距离为 122 万千米，沿着近乎正圆形的

轨道绕土星运动。它像月球一样，总以同一面向着自己的行星——土星。也就是说，如果在土星上看土卫六的话，永远只能看到土卫六的同一个半面。它的轨道基本上在土星赤道面内。你可以想一想，土卫六这么大的天体，沿着大约122万千米的半径，居然运动在近乎正圆的轨道上，这真是有点难以想象的事。如果让我们专门画这样一个圆，恐怕也是不容易办到的。足见天体演化中的自然奇观。

第二，1944年，美籍荷兰天文学家柯伊伯对土卫六进行了系统地分光观测研究，发现土卫六上有甲烷气体，从而确认土卫六上有浓密的大气层。一直到现在，土卫六仍是太阳系内已知的60多颗卫星中有大气的唯一卫星，这怎能不受到天文学家们的特别偏爱呢？

第三，根据土卫六的运动特征、物理状况和化学成分，天文学家们判定土卫六是和土星一起演化形成的，属于稳定卫星，不可能是土星后来捕获的小天体。一些天文学家曾一度将土卫六的质量、体积、表面重力、表面温度、大气成分、水和冰的含量、自转和公转等天体特征和天体环境与地球进行比较，目的是想从中获取有关早期生命物质演化的蛛丝马迹。土卫六被认为是人类迄今为止发现的地球外最可能存在生命的卫星。在距土卫六表面约19千米处，"惠更斯"拍到了厚厚的一层云雾。科学家指出，这层云雾的主要组成物质极有可能是甲烷。在着陆之后，"惠更斯"还发现，土卫六表面物质正在不断蒸发，并产生更多的甲烷。据推测，早期地球上也存在大量类似甲烷的碳氢化合物。

当科学家们"闻"到这股和早期地球相似的气体之后，欣喜若狂。参与此次计划的安德鲁·鲍尔博士兴奋得像一个孩子喊道："天哪！这简直太不可思议了。在对传回的那些照片和数据进行分析之后，迷雾般的橙色星球由95%的氮气组成，剩下的气体则是甲烷和其他碳氢化合物。这些大气真的和早期的地球十分相似。这意味着我们真的美梦成真了。"同时，土卫六大气中还有一氧化碳和二氧化碳的痕迹，所有这些都使科学家联想到45亿年前的地球。有天文学家称，土卫六才是太阳系内找到地外生命的最佳地点。但是它的更多秘密还需要科学家们进一步去揭开。

难以解释的天卫五

天王星卫星五被发现的时间并不长，却有幸被人类的目光光顾。人们对天卫五的地形表象有多么惊奇，以至连科学术语都无法解释。相信随着人类的目光投向更多的星球，这样的情形将不会只出现一次。

天卫五是天王星已知卫星中距其第 11 近，也是天王星的大卫星中靠天王星最近的一颗。它是由 Kuiper 于 1948 年发现。它的公转轨道距天王星 129 850 千米，它的卫星直径为 472 千米。

"旅行者 2 号"为了继续飞向海王星，不得不飞近天王星以获得推动力。由于整个飞行的方向几乎与黄道面成 90°角，所以只与天卫五十分接近。在"旅行者 2 号"飞近之前，由于天卫五不是海王星的最大卫星，也没有什么特别之处，因此也不可能被选为主要研究对象，所以当时对于这颗卫星几乎是一无所知的。然而"旅行者 2 号"却证明了这是一颗非常有趣的卫星。

天卫五是由冰与岩石各半混合而成。

天卫五的表面是由众多的环形山地形和奇异的凹

线、山谷和悬崖组成。

起先，"旅行者2号"带来的天卫五图片上的情景使人们困惑不解。每个人过去都认为天王星的卫星地质内部活动历史极短。对那些进行现场直播的工作人员来说，讲解这个至今仍无法解释的古怪地形是困难的。他们常用的那些深奥难懂的行话也已经无济于事了，他们不得不用一些诸如"锯齿图""跑道"和"多层蛋糕"之类的术语来描述天卫五奇异的特性。

后来人们认为天卫五自其产生后经历过多次的粉碎与重新聚合（即原来十分光滑，然后经小行星或彗星撞击后被粉碎，最后靠其自身引力重新组合使表面奇特），并且每次都破坏了一部分的原始表面，露出一些内部物质。然而现在，另一更易被人们接受的理论产生了，那就是这些地形是由于熔化的冰而造成的。

对于天卫五的奇异地形中熔洞和粉碎说都仅仅是理论上的推测。还需要更多的证据来增强这些理论的说服力。

现在还没有再次探测天王星和海王星的计划。什么时候再去探访这些奇异的世界？"旅行者2号"带回的资料将在很长时间里成为我们拥有的有关它们的唯一信息源。

行星的运动轨道是怎样的

人类为了探索宇宙的奥秘经历了怎样艰辛的努力啊！有的人甚至为此赔上了性命。可是真理的光辉是遮掩不住的，它需要的是时间。行星的运动轨道是椭圆的，这在今天是常识问题，过去却曾困惑了多少人，多少个世纪！但是椭圆问题不同于圆那样划一，科学家又在为椭圆的大小费脑筋了。

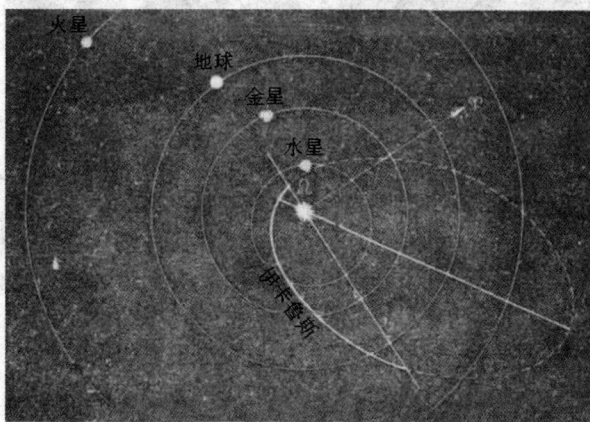

开普勒关于行星运动的理论，完全不同于以前所提出的假说；他的关于行星运动的轨道"是椭圆"的断言，更超越了他前人所做的各种各样的改进。在有关行星运动的分析中，开普勒并不偏重于各种几何问题，相反，他提出了以下一些问题："行星运动的原因是什么？""如果像哥白尼的假说所指出的那样，太阳是太阳系的中心，那这一事实就应该能够由行星本身的运动和轨道辨别出来。"这些都是物理问题，而不像以前所设想的那样，都是几何构造的问题。

尽管开普勒解决行星运动等问题的方法，完全不同于他以前的任何人，但他仍然是按对观察结果进行仔细分析后得出一般结论的方法工作的，而且是这种方法的一个杰出例子。他的分析过程漫长并且极其艰辛，他在20多年的时间里，坚持不懈地进行工作，从来没有放弃他的目标。如果用呕心沥血这个词来

形容他的努力，也是丝毫不过分的。

开普勒从一开始就认识到，仔细研究火星轨道是研究行星运动的关键。因为火星的运动轨道偏离圆轨道最远，它使得哥白尼的理论显出了严重的缺陷。开普勒还认识到，对第谷·布拉赫准确的观察资料进行分析是整个问题必不可少的先决条件。开普勒曾经写道：我们应该仔细倾听第谷的意见，他花了35年的时间全心全意地进行观察……我完全信赖他，只有他才能向我解释行星轨道的排列顺序。

第谷掌握了最好的观察资料，这就如他掌握了建设一座大厦的物质基础一样。

令人着迷的玛雅星

　　有些谜的解释就像现代版的《星际旅行》或《星球大战》，对一个不存在的天体加上地球人类之谜的想象结局，这可能就是玛雅星的由来。我们是信科学呢，还是信想象呢？

　　曾在中美洲的尤卡坦半岛上栖息过的玛雅人，无疑是我们地球上最神秘莫测、最富有传奇色彩的民族之一。早在远古时代，玛雅人就在天文、建筑、医学、数学、历法等方面都取得过辉煌的成就。他们建筑了富丽堂皇的宫殿，修筑了台阶状金字塔式的纪念碑和寺院。此外，玛雅人还知道天王星、海王星，他们的玛雅历一直推算到 4 亿年之后，他们留下的天文历法可沿用 6400 万年。

　　在玛雅人留下的许多天体方面的史料中，最令人惊叹不已的莫过于他们推算出卓尔金年 260 天，金星年 584 天，算出地球一年是 365.2420 天（今天的准确计算是 365.2422 天）。现代的史学家、天文学家一般把玛雅人的卓尔金年当做他们的宗教祭祀年，一年一共有 260 天（有 260 个不同的名称和顺序），有 13 个月，每个月 20 天。他们的这种年历一般被认为是他们为定出举行宗教仪式的时间而制定的。

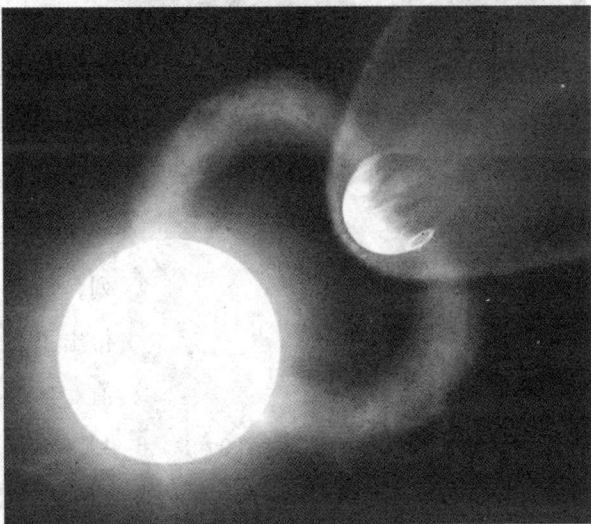

同时玛雅人也用 365 天（地球的公转周期）计年，他们将这种有别于宗教年的历法通称为"民用年"。一年被划分为 18 个月，一个月 20 天，外加 5 个无名日。但几乎是与这种传统说法同时的，有人却持另一种意见，他们坚持认为：既然玛雅人的地球年、金星年都是针对两个太阳系大行星而言的，那么卓尔金年一定也与某个大天体有着神秘的联系。可是，整个太阳系内并无公转周期为 260 天的大行星。于是便有人随之大胆地提出了一个近似于科幻小说的设想：玛雅人可能是外星人，他们曾居住的星球由于某种目前尚不可知的原因爆炸了，他们是在母星大爆炸前移民到地球上来的。他们的 260 天计年法，则是他们穿越心灵，永远也无法湮灭的记忆。

所以，玛雅历中规定每 52 年（260÷5＝52，墨西哥的阿兹台克人一直采用 52 年一个循环的计年法）要建造一定级数台阶的建筑物（如寺庙和金字塔），建筑物的每一块石头都与历法有关，每一座建筑物都严格地符合某种天文上的要求。而且，每 5 个 52 年，他们都会举行隆重的祭祀仪式。现代学者称之为"历的轮回"。无独有偶，关于太阳系内是否发生过行星爆炸一说，从另一学说方面，竟也殊途同归的得出一个共同的结论。那就是天文学上著名的"提丢斯—波得"定则。

早在 1772 年，德国天文学家波得在他编写的《星空研究指南》一书中，总结并发表了 6 年前由一位德国物理学教授提丢斯提出的一条关于行星距离的定则。定则的主要内容是这样的：取 0，3，6，12，24，48，96……这么一个数列，每个数字加上 4 再用 10 来除，就得出了各行星到太阳实际距离的近似值。如水星到太阳的平均距离为（0＋4）÷10＝0.4（天文单位），金星到太阳的平均距离为（3＋4）÷10＝0.7，地球到太阳的平均距离为（6+4）÷10＝1.0，火星到太阳的平均距离为（12+4）÷10＝1.6。照此下去，下一个行星的距离应该是（24+2）÷10＝2.8，可是这个距离处没有行星，也没有任何别的天体。

波得相信，"造物主"不会有意在这个地方留下一片空白；提丢斯则认为，也许是火星的一颗还没有发现的卫星在这个位置上。但不管怎么说，提丢斯—波得定则在"2.8"处出现了间断。当时认识的两颗最远的行星是木星和土星，按照定则的思路，继续往外推算，情况是令人鼓舞的：木星到太阳的平均距离为（48+4）÷10＝5.2，土星到太阳的平均距离为（96+4）÷10＝10。定则给出的数据与实际情况比较起来，是否符合呢？请看行星定则给的数和实际到太阳的距离是：水星0.4，0.387；金星0.7，0.723；地球1.0，1.000；火星1.6，1.524；木星5.2，5.203；土星10.0，9.554。你看，定则算出来的那些数值与行星距离多么相近似啊！于是大家开始相信，"2.8"那个地方应该有颗大行星来补上。

波得为此向其他天文学家们呼吁，希望共同组织起来寻找这颗"丢失"了的行星。一些热心的天文学家便立刻响应号召开始了搜索。好几年过去了，毫无结果。但正当大家有点灰心，准备放弃这种漫无边际的搜寻工作时，1781年，英国天文学家赫歇尔于无意中发现了太阳系的第七大行星——天王星。

使人惊讶的是，天王星与太阳的平均距离为19.2天文单位，若用提丢斯—波得定则一算，得出的结果是（192+4）÷10＝19.6，这个定则数值与实际距离竟然符合得好极了。这一下子，定则的地位陡然高涨，几乎是所有的人对它都笃信无疑，而且完全相信在"2.8"空缺位置上，一定存在一颗大行星，只是方法不得当，所以才一直没有找到它。可是，很快10多年又过去了，还是杳无音信。

直到1801年初，一个惊人的消息才从意大利西西里岛传出。那里的一处偏僻天文台的台长皮亚齐在一次常规观测时，发现了一颗新天体。经过计算，它的距离是2.77天文单位，与"2.8"极为近似。新天体被认为就是那颗好多人在拼命寻找而一直没有找到的天体，并被命名为"谷神星"。接着，谷神星的

直径被测定了出来，是 700 多千米（后经重新测定为 1020 千米），这可把大家弄糊涂了，怎么能不是大个子行星，而是小个子行星呢？但令人震惊的事情还在后头呢。第二年，即 1802 年 2 月，德国医生奥伯斯又在火星与木星轨道之间发现了一颗行星——智神星。除了略小之外，智神星在好些方面与谷神星相差不多，距离则基本一致，接着人们又发现了第三颗——婚神星和第四颗——灶神星。到最后，前前后后发现并已登记在案的小行星总数竟已达 4000 多颗（据估计总数最后会达到 150 万颗），它们都集中在火星与木星之间的一个特定区域里，即所谓的"小行星带"，该带的中心位置正好符合提丢斯—波得定则给出的数据。

为什么大行星变成了 150 万颗小行星？当时便有人猜测：是不是因某种人们暂时无法知晓的原因使原本存在的大行星爆炸了？后来，1846 年和 1930 年，海王星和冥王星先后被发现，这两次发现对提丢斯—波得定则来说，都是挫折。

那么，提丢斯—波得定则到底有什么意义呢？这个问题引起了众多科学家旷日持久的争论，同时对于行星大爆炸的机制是什么，究竟是一种什么能量竟能使一颗大行星产生四分五裂的大爆炸，定则也完全无法说清。最终，"提丢斯—波得"定则连同"2.8"处行星大爆炸之谜，也一起成为了一两百年来人们孜孜以求的世纪之谜。

中国青年陈清贫对这一世纪之谜提出了自己的假说。经过十几年的思索和模拟、演算，他得出了一个大胆的结论：这颗大行星就是玛雅人曾居住的"摇篮"，它的消失是行星大碰撞的结果！他认为大约 6500 万年前，太阳系内存在着 10 大行星，它们分别是水星、金星、地球、火星、玛雅星、木星、土星、天王星、海王星和 X 行星。至于居于 2.8 个天文单位的玛雅星则正繁衍着一代高度的文明。当时玛雅星人已在火星、地球、金星上建立了自己的生态基地，已具备了星际移民的能力；同时，他们发明并利用了中微子通讯技术、反重力技术、无错位技术等。那时，他们的生活和平安详，一切都有条不紊，按部就班，他们完全不知即将遭遇的灭顶之灾。

6500 万年前，一颗直径超过 1 万千米，质量超过 50 亿亿吨的大行星（或者就是太阳系第 10 大行星，或者是另一个懒惰星系统里的行星，或者根本就是一颗流浪星）在某种能量的牵引和太阳引力的作用下，以每小时 20 万千米的高速冲进了我们的太阳系。它首先遭遇的是海王星。那时，海王星的 8 颗卫星正在近海点运行，而原冥王星及原冥卫一"卡戎"却正一左一右在远海点运行。

第一场遭遇战的结果是大行星与海王星发生了猛烈的擦肩相撞，而且它一举击碎了海卫九和海卫十，扰动了海卫二（使海卫一轨道偏心率变为 0，运行逆向；并使海卫二的轨道偏心率达到了 0.75，远远超过了太阳系内的所有的卫星和行星），冲击导致海王星脱离了当时的轨道，使其带着 8 颗卫星和两颗卫星的残片（后形成海王星环）紧跟大行星向太阳系内部运行。

至于原冥王星和原冥卫一"卡戎"却因正在远海点运行，又受大行星撞碎的两颗海卫的冲击波和碎片的影响，等它们分别返回近海点时，海王星已"离家出走"。这两个"难兄难弟"只得相互"依靠"起来（冥卫一的自转和绕冥王星运动的周期都是 6.39 日，而冥王星自己的自转周期也恰好是 6.39 日。这种妙不可言的周期关系，在太阳系里独此一家）。而"离家出走"的海王星本身，则大约在弧线飞行直线距离 13.5 亿千米后，完全摆脱掉了这颗大行星的冲击摄动力，从而停留在新的轨道上继续围绕太阳旋转（在如今的 30.2 个天文单位处）。

那颗肇事大行星第二个遭遇的是天王星。它在低空横穿天王星轨道时，将天王星的一部分物质"拉"了出来，被"拉"出来的物质在脱离天王星本体一段时间之后，又因受天王星的引力作用而重新砸向了天王星，结果砸歪了天王星的自转轴。随后，大行星一举撞碎了一颗土卫，从而演变成了今天的土星环；又撞歪了土卫九，使其成为了土星庞大卫星系统中唯一的一颗逆行卫星。

除此以外，大行星大概仍觉"意犹未尽"，它横冲直撞到了木星区域的最外层，结果把部分卫星撞得"晕头转向"，使木卫六、木卫七、木卫八、木卫九、木卫十、木卫十一、木卫十二、木卫十三脱离了原先行星赤道面内的轨道，同时使木卫八、木卫九、木卫十一、木卫十二逆向运行。至此，一路"冲冲撞撞"而来的大行星已略微改变了一下航向。结果歪打正着，它把最后的撞击点

毫无误差地直指繁衍着一代高度文明的太阳系内的第五大行星——玛雅星。

可以想象，大祸临头之下，玛雅星人大概会采取如下的自救措施——经反复核算无误后，整个玛雅星都紧急动员了起来，全球通力合作，倾一星之力聚集了几乎所有的热核武器对大行星进行了定向位移爆破，试图使大行星略微改变航向。只是大行星的个头太大，惯性冲击力又太强，整个计划基本以失败而告终。当无可奈何的玛雅星人最终感觉此路不通时，他们已消耗了大量宝贵的物力和能源。

最后的星际移民，只有少数的玛雅星人得以先后移民到撞击面后方的火星、地球和金星的生态基础上。玛雅星人也真是祸不单行。数月数日后，在亿万玛雅星人惊恐的注视下，两星终于发生了灾难性相撞。

大行星把玛雅星撞成了无数个碎片，自身也四分五裂，其中大的就形成了谷神星、智神星、婚神星、灶神星和义神星等著名的小行星；而部分小碎片则呈放射状地向撞击面后方飞射而出。无数的小碎片在火星上形成了炽烈的流星雨。全球温度的升高首先将火星上的冰川融化，从而在火星上形成了无数条汪洋恣肆的河流，但接踵而至的持续不断的高温和冲击，又很快将火星上的浩渺大水、万顷碧波全部蒸发殆尽，只留下如今突然中断的大小河床故道。但这又无法形成海、湖、潭等规模容积的遗迹。

金星亦未能逃脱这次厄运，一块大碎片在飞掠火星轨道、地球轨道后，一头撞到了金星上，结果使金星自转发生了方向性变化。同时，另一块直径约12千米，重达14万亿吨的碎块却被撞向了地球，并不偏不倚地撞击在了地球的表面上（玛雅星人此时已无力摧毁这些碎块了）。

结果，地球好像一下子受到了数以百计的氢弹袭击，遭到了严重的创伤。被

抛起的尘埃在地球上形成了厚厚的云层，地面变暗、变冷，依赖于阳光的植物大量枯萎、凋谢死亡。地球上的全部生物的 3/4 也很快衰落，已"统治"地球达 1.5 亿多年的恐龙同时遭受到了灭顶之灾，短时间内便销声匿迹直至灭绝。

这样，移民到地球的玛雅人必然再次遭受重创。不过他们在丧失大量人员后顽强地生活了下来，6500 万年间创造了灿烂的史前文明。之后，他们又多次遭受诸如地极地磁逆转、大西洲沉没等一系列灾难性、毁灭性打击，但他们一息尚存，绵绵不绝。最后一批生活在中美洲尤卡坦半岛上的玛雅人依然保留了关于玛雅星的编年历，他们巧妙地使用了将卓尔金年和地球年协调并用的古老历法，以示对"故星"刻骨铭心的怀念之情。

如果真如这种猜测一样，玛雅人就是玛雅星移民，那么他们知道天王星、海王星也就不足为怪了。如今，玛雅星文明的辉煌虽然早已消失在历史流动的长河之中，然而它的光芒是永存的，它像一位不可思议的先知，给我们以警示，并时时启发着人类，给人类以探索的渴望。

寻找太阳伴星

太阳的伴星——人们姑且为之命名为"复仇星",已引起了科学家认真热烈的讨论,从理论方面说,太阳应该有一个伴星,可实际上至今尚未发现。是人类现今的技术手段还不能发现它,还是根本就没有这颗星呢?人们正想尽办法寻求答案。

自从太阳伴星——"复仇星"的假说公诸报端,科学家们展开了认真热烈的讨论。人们根据开普勒定律推算,若其轨道周期为 2600 万年,那么轨道的半长轴应该是地球轨道半长轴的 88 000 倍,约 1.4 光年,即太阳伴星距太阳比任何已知恒星要近得多。

1985 年,美国学者德尔斯莫在假设"复仇星"确实存在的前提下,用一种新方法算出了这颗星的轨道。他首先对最近两千万年左右脱离奥尔特云的那些彗星进行统计、调查,对 126 颗这样的彗星及其运动作了统计研究,断言他的统计可靠性达 95%。他确定,大多数这类彗星都作反方向运动,即几乎与太阳系所有行星运动的方向相反。根据这些彗星的冲力方向算出,在不到两千万年以前,奥尔特云从某一其他天体接受到一种引力冲量。他认为,这是由一个以每秒0.2或0.3千米速度缓慢运行的天体引起的，"复仇星是一种令人满意的解释。"德尔斯莫根据动力学算出，"复仇星"的轨道应该与黄道几乎垂直，它目前应该接近其远日点（距太阳最远的点），而它的方向应该是离开黄极5°左右。

美国学者托贝特等计算了"复仇星"可能的轨道，并认为因星系"潮汐"——即太阳系以外的物质引力影响而轨道便产生变化。考虑到这颗星可以运行到离太阳很远的地方，很容易受到别的天体引力的影响。托贝特说，即使它原先的轨道很稳定，也不可能在从太阳系存在以来的46亿年中，轨道一直保持不变。许多研究者同意这样的看法：这颗轨道周期为2600万年的伴星的预期寿命至多为10亿年。这就意味着，它可能是在太阳形成之后很久才被太阳"俘获"的，或者就像有的科学家指出的那样：在"复仇星"刚形成时，它和太阳之间的联系要比现在紧密，其周期为100万～500万年，后来由于其他天体的引力"牵引"而外移到现在的轨道，这种外移最终会导致它脱离太阳的引力影响。

为了寻找"复仇星"，穆勒等人用大型天文望远镜拍摄了大约5千张北半球暗星的照片。他计划，每隔一段时期拍摄一次，从而比较一下哪些暗星存在较大的"自行"，它们就是"复仇星"的候选者了。如果他们在北半球找不出这样的星体，他们还将探查南半球天空。一般认为，太阳伴星应属于一种较小的恒星——红矮星。可是，目前人们还没有南半球天空的红矮星表，观测上的困难是很多的。穆勒说："如果他们找到了一颗近似的星体，接下来事情就好办了。"一旦从大海里捞出了这枚针，要证明这确实是那枚针就不难了。

针对太阳系的现状，有一些天文学者认为，太阳伴星由于某种原因未能形成，而形成了8大行星及其卫星、小行星和彗星等。美国天体物理学家韦米尔和梅梯斯的研究认为，尚未发现的太阳第十颗大行星（经常写作X行星）可能是引起周期性彗星雨——生物大规模灭绝的原因。

韦米尔他们是在把前人两个设想合并到一起后，创立这种新颖的解释的。这两个设想是在冥王星轨道之外存在着X行星，以及认为在海王星之外的太阳系平面中可能有一个彗星盘或彗星带。在他们设计的一个模型中，X行星周期性地从上述彗星带近旁穿过，破坏彗星轨道，使大量彗星冲向太阳系内部。韦

米尔说，这个理论的优点之一是 X 行星的轨道距离太阳要比"复仇星"近得多，因而将十分稳定。X 行星轨道平面与太阳系平面成 45°倾角，设想它每一千年沿轨道运行一周。但是它也会受到其他行星引力的牵引而引起轨道变迁，每隔 2600 万年，当其运行到接近上述彗星带时，就会触发一场彗星雨。

美国科学家海尔斯综合了不规则地通过"复仇星"轨道的恒星的各种作用，估计出"复仇星"在过去的两亿五千万年中，其轨道周期的变化应为 15%。鉴于此，人们认为，不管是哪种情况，在"复仇星"的可能轨道上，所有的扰动都意味着天文钟的调谐并不那么精确，而如果这颗太阳伴星确实存在的话，人们不应该期望它触发彗星雨和引起大规模物种灭绝的周期十分精确。遗憾的是，至今缺乏更好的地质资料，尤其是陨石坑方面的资料，地球上的证据的不确定因素太大，以至于无法准确地说出"复仇星"天文钟的周期性能精确到什么程度。

总而言之，根据科学家们的研究推测，太阳很可能存在或有过伴星，但是要找到它、证实它，确实是一件困难的事，人们期望着科学家们早日解开这个宇宙之谜。

1846 年，天文学家注意到天王星以一种与牛顿第一定律相矛盾的规律偏离正常轨道"摆动"，这意味着科学家们只有两种选择：要么重写牛顿的物理定律，要么"发明"一颗新的行星来解释这种奇怪的重力拖曳现象，结果天文学家们发现了"海王星"的存在。

今天，科学家们又遇到了相同的难题。路易斯安那大学的天文学家约翰·马特斯、帕特里克·威特曼和丹尼尔·威特米尔研究彗星轨道已有 20 多年的历史了，他们在研究了 82 颗来自遥远的奥特星云的彗星轨道之后发现，这些彗星的运行轨道似乎都受到一个位于太阳系边缘、冥王星之外的巨型天体的引力影响，使它们的轨道都沿着一条带状分布排列，同时它们到达近日点的时间也会发生周期性变化。

那么到底是什么影响了彗星的轨道呢？路易斯安那大学的科学家们提出了惊人假设。他们认为最好的解释就是，在我们太阳系边缘的黑暗地带，存在着

一颗以前从未为世人所知的
太阳伴星——褐矮星，也就
是在我们的太阳系内拥有两
颗恒星：一颗是太阳，另一
颗就是这颗仍未被现有太空
望远镜探测到的褐矮星——
它跟太阳互相绕着彼此旋
转。该观点立即引发了科学
界的巨大争论，但路易斯安
那大学的天文学家丹尼尔·
威特米尔教授认为，这个惊

人的假设完全是在统计学基础上得出的。威特米尔教授对记者说道："我们认为
这是一颗褐矮星，但也可能是一颗质量是木星 6 倍左右的未知行星。我们之所
以得出这样的结论，是因为没有任何其他理论可以解释彗星轨道的奇怪变化。"
威特米尔称，如果它是一颗褐矮星的话，那么尺寸较小的它将无法像太阳那样
进行核反应，它的表面将相对较冷；同时由于处在远离太阳的黑暗地带，它根
本无法受到多少太阳光的照射，几乎不会有任何光线反射出来，以至于在 1930
年发现冥王星后，天文学家至今没观测到它的存在。

　　此外，路易斯安那大学的科学家们还将包括恐龙灭绝在内的地球物种灭绝
都归咎于这颗神秘伴星的"作祟"，美国科学家们为此提出了"复仇女神"理
论。威特米尔教授等人认为，这颗潜伏在黑暗之处的太阳伴星，可能正是给地
球带来物种灭绝、包括 6500 万年前恐龙灭绝事件的罪魁祸首。科学家认为，这
颗褐矮星的运行速度十分缓慢，它的运行轨道每隔 3000 万年会定时冲入彗星密
集的奥特星云中，巨大的引力会将奥特云中的一些彗星"拽"出来，将它们
送往近日轨道，包括与地球擦肩而过。其中一些彗星雨则会撞到地球上，造成
大规模物种灭绝。路易斯安那大学的科学家认为，地球上的物种大约每 3000 万
年就会灭绝一次，这个灭绝周期之所以像时钟一样精确，正是因为这颗黑暗中

的太阳伴星每隔 3000 万年就会进入奥特星云，巨大的引力使成批彗星偏离轨道冲向地球，成为"灭顶灾星"。

　　美国 NASA 在佛罗里达州的卡纳维拉尔角向太空发射一部新一代的红外线太空望远镜，这部红外天文望远镜一旦升空，将可以验证路易斯安那大学科学家们的惊人推断是否正确。因为如果这颗神秘太阳伴星"复仇女神"的确存在的话，那么这部新一代的红外线太空望远镜将可以捕捉到它的身影。据法新社报道称，这部望远镜耗资高达 12 亿美元，具有比以往天文望远镜更强大的功能，可以观测到宇宙中充满尘埃的黑暗角落，以及现有天文望远镜根本无法察觉到的黑暗星体。

天体之间的撞击

就像发生交通事故一样，巨大的星系也会互相碰撞，我们无法想像碰撞现场的场面，而且这种碰撞也许会持续几亿年，我们更无法等待这个结果。但这种碰撞的结果会产生更多的新星，这大概是不会错的。

如今，天文学家还尚不知晓星系相撞的模拟实验是否跟实际上的天文观测相吻合。早在 20 世纪 70 年代，美国天文学家借助安装在智利的天文望远镜研究确认，当宇宙中发生并非罕见的宇宙悲剧——巨大星系相撞时，会导致这些相撞星系形状上的变化，还会破坏新恒星的诞生过程。美国天文学家基于大量观测认为，跟中学现代天文学教科书中关于宇宙演化的概念恰恰相反，新诞生的一大批恒星比整个宇宙要年轻的多。但是，当初很少有人相信这一点……

1997 年 10 月底，美国天文学家们借助修复后的"哈勃"太空望远镜拍摄了一张发生最大宇宙悲剧的照片——触角星云中的两个大星系相撞，发生这一宇宙悲剧的地方距离我们 6300 万光年远。"哈勃"在瞬间拍下这一星系撞击的宇宙悲剧的同时，又在这"一瞬"的宇宙尺度内拍下一千多个新诞生的恒星群。这些细微宇宙照片使天文学家们大为震惊，他们通过目睹这一星系大撞击的宇宙奇观才如梦方醒。原来，星系之间并非相互隔绝，也并非静止不动，恰恰相反，它们相互撞击，融为一体并贪婪地"吞噬"着它们的"近邻"；与此同时，爆发出强烈的闪光并突然冒出火光，改变着自己的形状。这一震惊科学界的新发现，从根本上改变了天文学家的传统思维和对宇宙演化的旧观念，这有助于我们对真正宇宙史的理解和认识，从而解开了历代各民族和天文学家自古留下的关于宇宙奥秘困惑不解的谜团。如我们人是从哪里来的？主宰自己的

路又通向何方？我们生命的真谛是什么等一系列令人不得其解的种种疑团。位于触角星云中的两个火星系发生大撞击的惊心动魄的场面：撞击、融合、吞食、火光、变形……这就是宇宙演化的自然法则。发生这一宇宙悲剧现场距我们6300万光年之远。

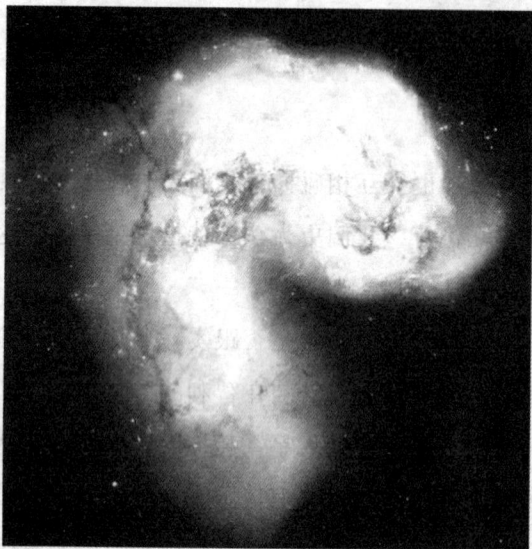

1994 年 7 月的"彗木之吻"使天文学家们目睹了一场天文体大撞击的宇宙奇观和悲剧般后果。然而，这不过是在太阳系尺度上的一次普通天体撞击现象。倘若两个对面飞驰而来的星系相撞，或彼此"擦肩而过"，那便是天体力学上一个庞大惊人的宇宙过程，要从头至尾观测完这一过程需花费几亿年时间，即便几十代天文学家的辛勤努力也恐难胜任这一天文观测。

为了全面揭示和研究星系相撞会导致什么样的悲剧性后果，日本天文学家借助计算机和数学模拟系统，总共只用了几小时的时间就完成了通常需要几亿年时间才能完成的一项星系碰撞模拟实验。

在实验现场显示出两个相撞后相互作用的星系之间出现的遥远异地的宇宙奇观：在对撞的两个星系之间出现光桥、光尾、纽带状和圆盘状星系的扭曲变形等现象。但模拟计算并不能对相互作用星系的某些特性作出解释，比如：两个星系相撞时的颜色为什么往往跟单个星系的颜色截然不同？两个星系较高的X射线亮度与什么有关？归根结底的问题是为什么在数学模拟实验时总是不出现环状星系？这一点早已引起天文学家的关注。

须知，星系的外形和颜色首先取决于那些年轻、明亮和连成一大片的恒星。这些恒星诞生不久，它们分布在频繁诞生恒星的宇宙区域中。这就是说，要观测到两个星系碰撞时相互作用的结果，首先必须仔细洞察星际气体的未来状况，成为年轻恒星的"建筑材料"。

在日本天文学建立的星系模型中，除模拟星系中衰老恒星的普通恒星外，还有年轻恒星的星际气体云。这些天体和星际介质通常不是点状，它们都有具体尺寸，还能相互碰撞并吸引到一起，最终收缩，在其内部还会诞生年轻恒星。这些年轻恒星在几年的时间里仍放射着耀眼的光辉。当然，按照模拟实验的测定，这些恒星最终将发生超新星爆发。这些超新星爆发，将摆脱掉自己膨胀的星壳，并加大其混沌状态时的速度——进而向天文学家描绘出最近几年来星系中恒星和星际气体之间的这种相互作用的情景发展。

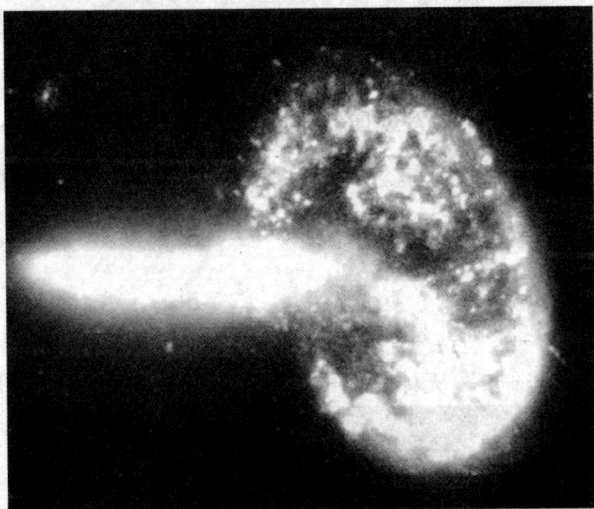

这次数学模拟实验表明，在两个星系飞速接近时，这两个星系的气体云中的次星系并非像圆盘状星系中的次星系那样牵制着自己。这时，恒星就会在两个相互接近的星系之间形成"纽带"，或形成被强力展开的螺旋状分支物，气体云会形成环状结构，其半径小于恒星圆面的半径。邻近星系的影响会破坏气体云沿圆形轨道的匀速运动，它们往往相互碰撞从而强化了恒星的诞生过程。几亿年后，星系掠过最近点后，星系间引力的相互作用促进了恒星的形成过程，从而使恒星形成的强烈度达到极点，其恒星形成的速度是孤立星系中恒星形成正常速度的 10 倍。

大批年轻的恒星由于两个星系的相互作用，明显变换着自己的颜色，它们的颜色变得更加蔚蓝，而其余恒星则是致密的相对论性天体——中子星和黑洞，它们成双结对地栖身于众多的普通恒星之中并伴它们同行，进而变成强 X 射线源，它们还能明显强化这一区域中星系的亮度。

太阳系是否会多出新成员

英美科学家们惊奇地发现，已飞行很久的"先锋10号"宇宙探测器竟给他们带来一个令人振奋的消息：一个新的天体正围绕太阳运行。

观测者们还没有见到这一天体，但他们坚信它的存在，因为"先锋10号"的轨道因它发生了变化！

如果这一发现属实，那它将成为因重力这一唯一原因而被发现的太阳系中的第二颗行星。第一次是1846年海王星的发现：科学家在1787年发现了天王星，后来发现天王星的轨道十分异常，从而发现了对其具有引力的海王星。

这颗新星是由英美天文学家组成的小组发现的，它很可能就是所谓的"Kuiper带"天体。而"先锋10号"的轨道数据则来自英国宇航局"深度空间"网络，这一网络是由一系列大型射电望远镜构成，目的是为了观测太空深远处的情况。

早在1992年12月8日，那时"先锋10号"已飞离地球84亿千米，该天文小组就发现探测器的飞行轨道出现偏差，他们一直在研究这一现象，希望找出原因。直

在经过多种方法分析研究"先锋10号"发回的数据后，他们才肯定了自己的推论：即太阳系又有了新成员。

他们力图计算出此天体可能达到的最远距离以及具体位置。他们初步预计，此天体是在撞上一大行星后而被抛到太阳系边际的。该天文小组的一位英国博士称："我们对这一发现欣喜若狂，它真是天文学上一个极好的标志性事件！"

据称，这一天体可能是在茫茫宇宙中已知的数百个围绕太阳运行的天体中的一个，它们大都是由冰及岩石构成，且远在冥王星之外。这些天体在行星大家族中属于小字辈，直径仅有几百千米，但天文学家相信，有几百万个这种小行星在围绕太阳运行，并形成一条庞大的"星带"。1992年，天文学家发现了第一个这类天体。

1972年3月，"先锋10号"被发射升空，它是第一个要穿过火星及木星间小行星带、飞向更远太空的探测器。但天文学家无法知道，它是否能安全闯过这一地段。

"先锋10号"也是第一个到达气体行星——木星的探测器。随后，它又成功飞离太阳的行星系。虽然它还未进入星际领域，但这已开了太空探测器的先河。

在"先锋10号"飞了25年后，1997年美国宇航局还是暂停了对它的监控，尽管它仍在发回信息。科学家突然发现，一股神秘的力量作用于这个"老太空旅客"，但一时又无法找到原因，后来，这股力量竟将它向一个方向推移。

"先锋10号"本应在200万年后到达金牛座星群，但在2003年1月23日传来最后一个非常微弱的信号之后，就与地球失去了联系。

探索宇宙的新科技

2006 年 8 月，具有 40 年历史的 SETI 决定建造自己的射电望远镜。与传统的无线电望远镜不同的是，它由 500 ~ 1000 个小型的碟形组件构成，能将收集到的信号汇总为星球的一张图像。这种望远镜将电子技术与计算机处理技术融为一体，能同时对 12 个星球进行观测。目前科学家们正在精心拟定"目标"星球清单。望远镜同时还能协助天文学家开展传统研究。SETI 希望望远镜最终能在 2005 年投入使用。

1982 年，美国导演斯皮尔伯格执导的《外星人》创造了外星人形象，外星人（如果有的话）真是这样的吗？

2000 年 3 月 29 日，人类在寻找太阳系外行星方面取得重大进展。美国加利福尼亚大学的科学家宣布，他们发现了两颗迄今为止围绕着其他恒星运行的最小行星。这两颗太阳系外行星质量与土星相近。这标志着科学家在寻找地球大小的太阳系外的行星的过程中迈出了重要的一步，因为迄今为止观测行星的技术只能发现比木星大的太阳系外行星，而要寻找外星生命，只能到地球大小的行星上去找。想要飞向太阳系外的恒星，解决动力问题则是关键。

恒星周围存在行星是一个普遍现象。

在太阳系附近的恒星周围肯定存在着行星系统，了解那里的行星无疑是一件激动人心的事。可现有的天文手段在这方面显得过于苍白无力。它既不能告诉我们这些行星的大气组成，也无法揭示其地质构造，甚至天文学家连它们的几何尺寸也无从知晓。

这一切都是地球与目标行星之间的距离所致——动辄几十万天文单位的旅程会令最狂热的宇航迷变得垂头丧气，用化学火箭推进的探测器要用成千上万年才能飞到那里。

如何在一个科学家的有生之年完成太阳系外的探险呢？这时飞船应该达到每秒几百千米的速度，而目前最快的飞船只能达到这速度的1/10。现行的飞船之所以行动迟缓，根本原因在于它们仅靠化学火箭在其飞行的头几分钟里加速，冲出大气层后的航程完全依赖惯性滑行，充其量在路过大行星时靠其引力加速。因此要想飞向太阳系外的恒星，解决动力问题是关键。

目前"旅行者"号和"先驱者"号探测船已经飞越了冥王星轨道，成为离地球最远的探测器。为了达到这一目标，科学家花费了十几年的时间，其间还不断利用大行星的引力加速（称为"引力跳板"技术）。而且从一开始，它们就是用最强大的化学火箭（"土星"号）发射的。

下面的方法是科学家想到的飞越太阳系到达其他恒星的方法。其中有一些现在就可以实现，而另一些也许永远只能停留在设想阶段。

核动力火箭

20世纪50年代，随着和平利用原子能的呼声日益

高涨，原子火箭发动机应运而生。法国人设计了以水为工作物质的原子能火箭，它靠核反应堆产生的热量将水汽化，高速喷射出的水蒸气能使星际飞船逐渐加速。火箭要喷出 5000 吨的水才能在 50 年内把飞船送往最近的恒星——比邻星（距地球 4.22 光年）。

一般化学火箭的结构质量占总质量的 6% ~ 10%，有效载荷仅占 1%；而原子能火箭的结构质量占总质量的 12% ~ 15%，但有效载荷可占总质量的 5% ~ 8%。以氘为燃料的核聚变火箭，排气速度可达 15 000 千米/秒，足以在几十年内把宇宙飞船送到别的恒星。

聚变能比裂变放出更大的能量。在一个核聚变推进系统中理论上燃料每千克能够产生 100 万亿焦耳能量——比普通化学火箭的能量密度高 1000 万倍。核聚变反应将产生大量高能粒子。

用电磁场约束这些粒子，使之向指定方向喷射，飞船就可以高速前进了。为安全起见，核飞船至少应在近地轨道组装。为利用月球上丰富的氦资源，月球也是理想的组装发射地。此外也可以在拉格朗日点（此点处的物体在绕地球运转的同时保持与月球相对距离不变）处完成组装，原材料从月球上用电磁推进系统发送。

光 帆

中国古代的纸鸢无法和现在的超音速飞机同日而语，今人设想的喷射式推进系统也不能和未来实际的星际飞船相提并论。相对于核动力火箭来说，以下几种进入太空的方法更有可能在未来的星际飞行中使用。

15 世纪地理大发现时期，欧洲的水手们扬帆远航，驶向传说中的大陆。未来的星际航行恐怕还要借助"帆"这种古老的工具，只不过驱动"太空帆"的不是气流而是光。早在 20 世纪 20 年代，物理学家就已证明电磁波对实物具有压力效应。1984 年，科学家提出，实现长期太空飞行的最佳方法是向一个大型薄帆发射大功率激光。这种帆被称为"光帆"。它采用圆盘状布局，直径达 3.6

千米，帆面材料为纯铝，无任何支撑结构，其最大飞行速度可达到光速的1/10。在搭载1吨的有效载荷时，飞抵半人马座的α星仅需40年或更少的时间。以这个速度，太空船可以在两天内从太阳飞到冥王星，但要是飞越另一个太阳系并对其进行考察，这速度显然太低了。

为了进行详细的考察，可以采用"加速——减速"的飞行方案。这时光帆直径取100千米，使用功率为 7.2×10^{12} 瓦的激光器向它发射激光。在减速阶段，将有一个类似减速伞的小型光帆被释放出来。它把大部分激光向飞船的前进方向反射，以达到制动的目的。

虽然要求较高，但较其他形式的星际飞船而言，光帆是在技术和经济上最容易实现的方案。根据估算，在使用金属铍作为帆面材料时，飞到半人马座α星的总费用为66.3亿美元。这只相当于阿波罗计划投资的1/4。

不少科幻影片（如《星球大战》）中都有这样的镜头：随着船长一声令下，结构复杂的引擎开始工作，接着宇宙飞船便消失于群星中，几乎就在同时，它完好地出现在遥远的目的地……现代物理学证明，这看似荒诞的场景是可以实现的。

现代物理学（时空场共振理论）认为，时间是能量在时空中高频振荡的结果，宇宙间各时空点的性质取决于该点电磁场的结构特性。

该理论认为宇宙中各时空点有其确定的能量流动特性，它可以用一组谐波来描述。若用人工方法产生一定的谐波结构，使它与远距离某时空点的谐波结构特性相同，则两者就会产生共振，形成一个时空隧道，飞行器可以循着这个时空隧道在瞬间到达宇宙的另一位置。

实施这一方案的关键是飞船必须能产生适当的能量形态，以满足选定时空

点的谐波结构特性。

穿过"虫洞"的星际航行

还有一种名为"虫洞"的奇异天体，它是连接空间两点的时空短程线。科学家认为，通过虫洞可以实现物质的瞬间转移。用这种方法进行的星际航行可以完全不考虑相对论效应。遗憾的是这种理论上应该存在的"空间桥梁"至今还没有被发现。

无疑，无论哪种方法离现实都有一定的距离，但它们在技术上并不是不可行的。无论困难多大，人类探索未知领域的天性不会改变。可以设想，人类最终迈出太阳系摇篮，飞向星际的日子不会太远了。